UNREAD

家的模样

[新版]

My Home, My Way

叶怡兰 著

贵州科技出版社

目 录

细节　127

小物小事，生活的厚度

过程　163

改造日记，从原点到圆满

对话　197

需求所在，生活感之所在　房主 VS. 设计师：叶怡兰、李静敏对谈

缘起

家的模样，生活的模样

只要人在家中，
我总是不断地、
如泉涌般时时感觉到幸福。

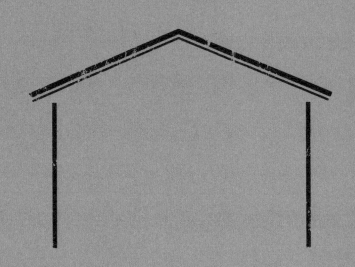

这一年多来，只要人在家中，我总是不断地、如泉涌般时时感觉到幸福。

虽然一向善感的我，老实说从小到大原就很容易被各种围绕身边的小物小事触动，但我很确定，即使日复一日重复如常，这幸福感如此真切与频繁，和以前大不一样。

每日晨起，掀开被窝两足下地，即使没有准准踩中床畔的拖鞋也一样暖乎乎，不再冰得让人瞬间耳聪目明睡意全消。出得房门，登时便见整大片开开阔阔明亮明媚窗景与天光迎面而来，且即使来到中岛炉台前煮一锅奶茶，这窗这光依然分分秒秒就在眼前相伴。

工作时，周遭环境桌面一片干净宽朗，突然想查阅什么书籍数据起身转身唾手可得，用不着再三回想这本书那份报告究竟是搁在这边柜还是那边箱。累了，起身来到厨房角落利落冲杯茶，即使烧水浸茶当口还是得把握时间，不断来回电脑前照看，然而满室徐徐氤氲飘散的茶香仍旧令人陶然。

黄昏，惊觉身畔闪动的光线转了方向，忙忙起身奔向起居室大窗畔椅榻上，好险，没错过今天的夕阳。一如以往，光芒万丈自大直桥旁落下后，天空转为幽蓝，城市里的灯火徐徐一盏一盏点亮，与天际益发浓艳的一抹犹存晚霞相辉映——这是冬季里偶尔上演、可遇不可求的最美一刻，我管它叫"奇幻时光"。

晚上，照例忙过了时间才终于奋力将眼前工作大致完结，一面收尾一面寻思晚餐该煮些什么，然后同样又是书房厨房两头张望奔跑，三数种炉具齐开，忙中但可算有条理有效率迅速张罗出两菜一汤一饭。接着，摆好餐桌、打开电视、一旁酒柜里选一款合搭的酒，小酌、吃饭、视线在屏幕与窗外交错穿梭、聊些有的没的家常话，把一整日的疲累慢慢卸下。

收好碗盘、擦了桌子、锅具道具工具各自归位，在洗碗机的哗哗声响里，窝在沙发上翻翻书、上上网小憩一下；抬头，宛如约好似的，弯弯月牙就在此际从窗儿一角眯着眼探头与我对望。

然后，在地暖和暖风机充分加温过的浴室里刻意放慢速度舒舒服服淋个浴泡个澡或脚，起身裹上烤得热烘烘的浴巾，突然回想起即使热水开到灼烫仍止不住簌簌发抖的旧日景况，忍不住摇头失笑。

　　回到电脑前，再把剩余工作检点一次、关机，另一半已经自顾自开了壁炉，赶紧倒一杯泥煤气息优雅的单一麦芽威士忌、抓几枚巧克力跟上，酒香里火光中相对默默喝得醺然，就该是就寝时候到了……

　　这是我，此刻生活的模样。

　　我们终于拥有了可以容纳这理想生活模样的家。

　　这是一次庞大而漫长的全面改造翻新计划：自 2012 年 11 月正式启动，从设计到施工，历经重重反复思索、考虑、沟通、讨论，以及过程中的不断自我观照、诘问、内省、砥砺、盘点、重整，直至 2013 年 12 月初才落成入住。仿佛一次归零、修行而后新生，意义非凡。

旧居新貌新生活，虽说工作依然忙碌、日常步调依然无比紧凑，但现在的我，比过往更宅更恋家更懒怠出门，越来越不肯外食，情愿家里吃更轻松合味，即使忙到破纪录近半年无暇旅行，却只有小憾，全不觉焦躁，明明最畏惧最厌恨视若寇雠的冬天竟渐渐甘之如饴甚至有了期待。

　　——是的。一直以来，我始终相信的是："空间，是生活的容器。"当这容器能够确实呼应、合乎我们的作息方式、需求与愿望，生活便能真正安定安顿、舒坦舒适；同时，认真专注徜徉其中，有滋有味、自在自得。

　　而今，经过长达一年的翻修，以及入住至今超过一年的实际感受体验，我又再度确切印证了这一点。

　　这一切，是怎么发端的呢？

　　追昔忆往，此中故事缘起，似是比我所理解的还要更远早更久长……也许应该从小学六年级，我的第一回出国旅行开始说起。

那趟，和外婆和妈妈一起前往探访当时住在美国加州的舅舅。虽说和一般亲子出游相差无几，迪士尼乐园、环球影城、海洋世界、金门大桥等等名胜全都顺道游历一番；然而说来有趣是，不知为何，这些景点我竟然大多记忆模糊，深深着迷难忘的反而是，当时舅舅的家。

　　其实许多当下看来都一点不稀奇了，然对首度踏出国门的我却是无比震撼新鲜：宽宽朗朗可容得一家人欢聚共享的开放式厨房、只不过多了一道拉门便能彻底干湿分离的浴室、独立室内的洗衣晾衣房、专属家人不为客用的起居间……尤其前三者，一扫既往印象中的阴暗暗湿答答屈居一角，成为令人流连不去之所，日常盥沐与厨事家事都变得愉悦可亲起来。

　　让我顿然惊觉，只要陈设上格局上一点微小的改变，生活的形貌与节奏便天差地别。我想，那就是我对空间、对设计、对家的兴趣和热情的萌芽吧！即使年岁还小还懵懂，却隐隐然看见了通往美好生活的门隙里的微光，自此有了往那光走去的愿念和向往。

那之后，我邂逅了《红楼梦》，这部对我影响至深的中国古典小说，彻底启蒙了我对文字、文学、艺术、饮食、哲学，还有建筑、园林、器物等各方面的美与乐与复杂的领会与探索。

以此为出发，我找了不少相关书籍来看，特别是建筑，扣合上我正当初开的好奇，更是分外兴味盎然，自东方以至西方的史类与风格概述的书都纳入阅读行列。

北上念大学后，因接触与涉猎范畴更精更广，恋慕之深，原本志在中国古典文学研究、一度认定终将走上红学考据之路的我竟而决定转向，一毕业便立即往当时颇心仪的空间设计杂志求职，并幸运录取。

之后，将近五年时间尽情浸淫涵泳此中，得以亲身眼见领略探究钻研一件又一件形态理念面貌风致俱皆多样不同的作品，与各方知名设计者与专业者请教深谈，从中一步步建构我自己对美、对设计、对空间以及生活的审美认知、观点、立场与信仰。

虽说后来因职业生涯转换，饮食与旅行取代设计成为我的工作重心，反而令这探究之路更加宽朗。

特别是旅行，对住居课题分外关注的我，就这么自然而然开始追逐各国各地各种类型旅馆，经过一夜又一夜的落脚，在数不清的房间、浴室、床上醒来、行走坐卧、睡去，宛若一次次剧烈的多面向生活实习和操演，视野与眼界更上层楼。

当然，还有这多少年风尘仆仆旅途中看见了咀嚼了的无数异国异地生活形式和风光。

我将自此得到的养分一一投注于平日生活中，年年岁岁月月日日不断实践、演练、淬炼、融会贯通，获益乐趣皆无穷。

——而这漫漫追寻探索之路，长达数十年逐步累积凝聚琢磨，可以说直至今刻，才算是一次真正阶段性轮廓清晰、完成展现。

其实早从多年前起就已开始动念，是时候该重新整修了。

屋龄近二十年的这小宅，长年居住下来，除了管线、设备等不堪岁月摧折而产生的老旧损坏问题外，最重要的是，生活方式的早已改变。

这段时间里，我从原本在杂志社任职的上班族，转而成为在家工作者、饮食写作与研究者，96 m² 小小面积与既有格局下，特别书房、厨房，无论空间、功能和收纳都严重不足。这更与越来越成熟成形的起居模式以及看待家看待设计的理解和想望明显格格不入。

只不过，虽这意念一年比一年强烈，然而每再深想，绝非等闲的预算压力且先按下不表，迁出再迁回、搬来搬去的劳顿，在外赁居暂住的勉强适应，以及过程里想得到想不到的各类项目细节的庞芜繁杂……对工作和活动永远都在满溢满载状态的我们而言，不啻一大疲惫艰辛难关。

为此甚至一度考虑，是否干脆放弃此地另觅稍微再大一点的住所另外装修，不但解决空间不足困境，还是省力省时少磨折之道。然而，一来根本舍不下这千金难换无敌景观，二来房市里才只试探一下便被简直数倍飙涨的天高房价大吓一跳……

就这么畏怯战栗着反反复复左右为难犹豫好久，直至2012年秋，方才痛下决心不再拖延，破釜沉舟奋勇振作起而行，正式开启我们的造家大计。

此桩设计重任该交付谁，也颇费了番周章物色找寻。虽说出乎过往工作背景，与不少知名建筑师室内设计师都相识熟稔，其中也颇有多位确信相知互信与默契均足够者；但几经比较思量，我们找上了素昧平生的李静敏。

静敏的作品，从第一次翻开他的书《找到家的好感觉》便觉倾心：我喜欢他对空间的破题与处理，天光、窗景与生活、格局动线间呈现出流畅而紧密的联结和交映关系；也喜欢他的色彩与材质运用，天然原色原质素材交织铺陈成简约凝练净雅氛围。

和我的向来追求正相一致。

11 月，静敏初次来到我家，和我以及另一半聊了谈了好多好多，包括我的生活现况、动线、需求——从大方向到最细微细琐的枝节，对未来居家的愿想、渴望、憧憬——从最务实最功能性到最任性最越分的狂想；以及，我们的遗憾局限——不到 100 m^2 的空间与有限度的花费下，和居家大梦间究竟有没有平衡点……

然后，一切就从这里开始了。

态度

家的模样，心的居所

空间，是生活的容器。
当这容器能够确实呼应、
合乎我们的需求与愿望，
生活才能真正有滋有味、自在自得。

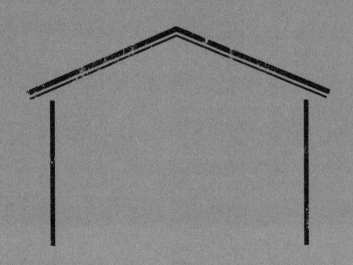

开阔透亮，
光、景与风
之必要

"怡兰家的风景，很不得了。河在窗外流过，河岸有一串绿地还有老树三两，空中有飞机升降，台北市在不远的面前一列排开；冬日的阳光暖了一室，叫周遭室内颜色更加踏实，连投影都格外深刻。怡兰和她的另一半都很强调自己是南部小孩，离不开阳光……她和他争取的，就是这样一个暖和明亮可以望得很远很远的家。"

——十数年前，好友欧阳应霁初次来我家做客后不久，在他的书《回家真好》里写下了这样一段话。

确实是这样没错。一直以来，我对光和景始终有着很深的依恋。

不管是居家、挑选旅馆，甚至只是在餐厅与咖啡馆吃顿饭喝杯茶，每一个相处或相遇的地方，我都希望能够傍着一扇可以朝外凝望的大窗，窗外有风景，有亮晃晃的天光。

遂而早在二十年前，我们便决定无视房地产界朋友们的谆谆劝告不看好，自市中心渡河过桥来到其时还少有人闻问、两岸犹只见烂泥荒草、交通与生活功能俱皆匮乏的大直河畔落脚，缘由在此。

年年唯冬季方偶尔上演，
可遇不可求的最美一刻，
我管它叫"奇幻时光"。

　　果然这些年，面河面光的这几扇窗，成为长年在家埋首工作的我
忙碌之余最大的安慰与乐趣。

　　是的。即使镇日蜗居在这小天地里，只消转头朝外望便会发现，
一年四季、日夕晨昏，景物虽似如一，然而时刻分秒都有不同风致：
春日经常的薄雾与细雨与河畔草地分外青翠的绿；夏天总是照得全城
金灿夺目的日光与午间仿佛可见的蒸腾热气；台风来前几日，天空简
直泼彩般逼人的蓝；每年元旦跨年时分，虽说远了点，但101大楼烟
火依旧辉煌；还有，晴日或雨后云开的夜晚，黑幕下都会灯火五颜六
色如洗般闪闪发亮，在河面上映照成一线线粼粼波光……最美的季节
则莫过于秋末到春初，此地坐向朝南，阳光会晒进屋来；从季初的窗
边隐隐一小方，一点一点偷偷往前迈步；到得深冬时刻，便恣意遍照
全室，把向来因怕冷而讨厌冬天的我一整天晒得暖暖的。

　　这时节最期盼的还有，每日黄昏时刻。只要天气够好，凭窗西望，
便能见夕阳一整轮耀着金黄霞光，从弯弯的大直桥身与城市楼屋间冉

冉落下……

　　所以对我而言，这些窗景和光之如何援引和融入，成为居家设计的最关键重心。

　　说来，当年欧阳所造访的，其实是改造前的首版原貌。那时，整体规划出自另位建筑师好友李玮珉之手，依照我们的需求，他大胆采用了"回"字形平面：将不需要采光的储藏室置于全宅正中，然后，玄关、厨房、书房、主卧、卫浴、起居室则依序围着储藏室排列一周，而我们最重视的生活场域如厨房、餐厅、卧房则大剌剌置于面河朝景这端，很有意思。

　　这样的配置优点，不仅在于间间朝外、都有窗光，且还四通八达、动线流畅——连我家猫咪小米生前还活泼淘气时，都喜欢一圈圈绕着奔跑，欢欣不已。

　　然而，一年年此中生活下来，对四季之光和风的动向越来越有深切的感受和了解后，渐渐开始萌生不同的思考。

Before

原本位于朝南向阳区的卧室，每每一清早就晴阳朗朗，反而睡眠不安。

After

移到较阴暗且没有景观的北面后，安静隐秘多了。

首先是"回"字格局下，空间切分难免稍嫌零碎，虽间间有窗有光，但光以及随之穿窗而入的风，却无法开开阔阔流动顺畅。

　　且也是后来才终于领悟，不是每一个房间都适合晴光灿烂——尤其冬季南来的暖阳，从早到晚一整日热烈洒下，令直接就位于向阳区的卧室睡眠不安、厨房里珍藏的各色茶叶干货调味料很快变质变样。

　　于是决心从头大刀阔斧改造，和这回的设计师静敏细细谈了我们的生活方式与习惯与愿望，以及最根本的，这房子里春夏秋冬晨昏日夕之光与风如何流转后，不多久，他给了我们一个截然不同的平面：将全宅依梁柱位置一刀切分为二，临河面景朝南这方全数划为公共区域，且除了书柜外不做隔间，书房、餐厅、起居室临窗连成一气、相互通透。我们视为全宅主角的中岛式厨房则往后略退至书房和起居室后方，稳占全宅中央核心位置，和各空间连通相望。

　　较私密的卧室、主卧卫浴、储藏室和洗衣房兼客用洗手间，则一

初版设计模型。和此刻相较，只扩充了厨房中岛的尺寸和架高地板的面积、调整浴缸位置、榻榻米区域缩小，并拿掉中岛后方门板与两方书柜间的隔板，其余差距不大。

律划归较阴暗且没有景观的北面，以墙和大片隐藏式门扇与公共区域清晰区隔。

——好生大气流畅！正是我们想要的样子。我更进一步建议将书房与厨房间的两向大书柜中间的背板拿掉，通透开架，以更增声息相闻的开放感。

现在，进住一年多来，着实越来越体会到这崭新格局的好处：最主要的起居空间和光和景紧密联结后，一整日的作息，无论工作消闲下厨吃饭读书聊天喝茶，从室内到室外，分分秒秒都有大片大片无隔无阻的明媚明亮天光和景致为伴，惬意舒心非常。

而公共与私密空间的清楚划分，更使眠睡盥沐休憩有了明确的界线，安静安顿不少。

从来光与景与风，始终被我视为人生里生活里之绝对必要。然如何真正适切妥帖和居家和生活水乳交融一体，这课题咀嚼多年，至此终是慢慢领会其中奥妙。

Before

客用卫浴　主卧卫浴　主卧室

客厅　储藏室　书桌

餐厅

玄关

厨房

After

洗衣房兼客用厕所　起居室

工作站

主卧卫浴

中岛厨房

主卧室

餐厅

阳台

储藏室　更衣室

玄关

书房

设计前与设计后，从原本"回"字形平面改成从中一刀切分为二，明与暗、开放与私密自此明确区隔开来。

秋末到春初是最令人期待的季节，只要放晴，阳光便一整天热烈洒下，把全屋晒得暖暖的。

我爱厨房：
好个，贪婪
之岛

从开始做菜以来，拥有一座中岛形式厨房，始终是我的梦想。

而这追梦之路，却是出乎意料的漫长。

还记得早年刚刚买下现在的住宅、进行设计装修之际，一来当时的格局规划难以容纳，二来也是年纪还轻，对此的理解与想象犹然生嫩，遂而最终只得了厨房与餐厅间小小台面一方，只能用来泡泡茶、稍微分担一点收纳，勉强算是个半开放式厨房，连个"岛边儿"都没沾上。

然后二十年来，随着年岁、阅历与厨龄渐增，尤其一脚跨入饮食写作领域，且还世界各地不断旅行，见识过越来越多叫人又羡又妒的梦幻厨房后，这梦想与欲望于是更加倍膨胀，同时还一年年脑海里来来回回反反复复，不断增修改易与变化。

从只是单纯至少能拥有一个基本的"岛"，有台面有橱柜抽屉，足够在上头简单做点备料备菜工作就好，到渐渐地不断把各种设备设施大胆往上加：水槽、烤箱、洗碗机、吊架、各种功能形式抽屉……

稳占全宅公共区域最高
比例面积的厨房中岛，
毫无疑问是全家中最庞
大、最具分量的主角。

　　到后来，细细检视自己的真实需求想望后，开始越来越知道，事
实上内心深处真正想要的，是完完全全百分百的"全中岛厨房"。

　　所谓"全中岛厨房"，最重要的精神在于以中岛为厨房唯一核心，
合炉台、水槽、收纳与料理空间于一体，整个流理台、所有主要功能
动线动作全部都在中岛，背后靠墙方即使有橱柜有台面，也仅做收纳
与工作辅助之用。

　　这样的配置优点在于没有死角，非为"一"字形厨房的窄小或冗长，
也打破"L"或"Π"形厨房于转角空间规划和运用上必然出现的浪
费尴尬，最重要的是掌厨者不再长时间闷困一隅呆呆面墙，视野大开，
从空气到氛围到心情都朗朗大好。

　　当然也一直心知肚明这样的愿望要实现还有重重难关：首先是空
间得够充裕。小小不到 100 m^2 的住宅，要安插进这样的厨房绝非易
事——对此，终究一举发动全宅大改造工程后，我们早先有了痛切觉
悟：没得说，其他厅房没一个比它重要，通通尽量压缩无妨，咱家厨

房就是要大！

在这样破釜沉舟的决心下，设计过程中，考虑到整体用度、气势与前后的抽屉深度安排，中岛体积甚至还历经两次增长，直达 270 cm×120 cm，连同后方墙侧的冰箱与收纳柜架，稳占全宅近四分之一比例。

位置甚至干脆大剌剌就安排在正中央，大门一开踩进玄关首先就是厨房，而且还正向面对前方一连排看得最远、天光最亮的大窗，景观日夕俱佳。

然后是人人关心的油烟如何阻绝排除问题。市面上无数专家的谆谆教诲，都说传统台菜烹调，开放式厨房、特别是炉台与抽油烟机不靠墙绝对是大忌；偏偏我生性对味道和油烟极敏感神经质，一丝儿残余杂味油臭都不肯忍耐，故而还真是花了长长时间犹犹豫豫思前想后左右为难。

后来，竟是日本电视节目《超乎想象！住宅改造王》（完成！ドリーム

ハウス）一集集慢慢给了我足够的信心与勇气。里头所报道的住宅，无论大小，极高比例都是全中岛厨房，想想从来以高度洁癖个性闻名的日本人家都能解决应付，对我应该没那么难。

尤其自认做菜一年比一年更简单清淡，旺油大火几乎都已绝迹，更遑论油炸……于是奋勇往前迈步。

当然必要的设备还是都要有，在厨具团队的专业建议下，选用了最大排风量、搭配直径 20 cm 风管的排油烟机型。好在，入住一年多来如常使用至今，也曾偶尔经历类似煎牛排煮咖喱麻辣锅等浓香重味使用，大致都还能干干净净一点不留味道。

于是就这么拥有了一座开开阔阔宽宽朗朗大中岛，我们叫它"贪婪之岛"。

是承载了我们渴盼多年的无数贪心任性梦想和欲望的岛。美梦得圆，满足欢欣至极。

Before

旧日的厨房，只勉强设置小小台面一方，连个"岛边儿"都没沾上。

After

这回，怀抱多年的中岛大梦才终于彻底圆全。

我爱厨房：愉快哼唱与自在烹调的地方

　　"厨房是个不介意零乱，而且还混杂着笑容与哼唱、非常愉快地烹饪食物的地方。"

　　"零乱得很好看的厨房，或者是有点散乱但是却不至于令人精疲力竭、大方的厨房，是我的理想。"——《住宅读本》里，中村好文这么说。

　　我也是。从一开始，我就一点不曾想要那种设计杂志上经常登载，整整齐齐光洁亮丽、什物杂物一点不见的漂亮厨房。反倒是常用爱用的工具餐具器皿痛痛快快叠放吊挂出来，抬眼可见伸手可得，方便好用且生活味道满满，才是我心目中的理想厨房样貌。

　　所以，还记得静敏的首版设计方案出炉时，一眼望见模型里和他过往作品一样，中岛后方一整排门扇门板关得严严实实、连冰箱也藏得干干净净的雍容优雅厨房……

　　"哎，这样不行哟！以我的密集频繁且还常赶时间匆忙做菜习惯，一顿饭下来开开关关，手大概都拉得脱臼了吧！"我笑说，"别怕，

属于我的，可以一面微笑
哼唱，同时轻松有效率烹
调食物的厨房。

尽量大胆全露出来吧！"

遂而，历经几次来回反复推演讨论，最终定案图纸，门板全消失了，大方现身的冰箱旁，是一列与中岛等高的柜架：下设抽屉与期待多年终于堂堂入列的嵌入式烤箱，中间是可放置咖啡机、微波炉、热水瓶等家电与其他器具的备餐冲茶台面，上方则有层架和玻璃柜。

还在我们的央求下，于水槽正上方设计了一座以不锈钢与玻璃材质组成的双层吊架——没错！正是我怀抱多年中岛大梦里绝对不可或缺的要件；两道层板兼具展示与置物功能，层板下密密安上横杆、挂钩，高脚酒杯、常用道具与清洗后待晾干的锅具工具有耳杯就此都有了落脚的地方，也成为整个厨房、甚至整个家里最温暖最热闹吸睛的焦点。

然后，吊架下方，则毫无疑问是全厨房里最核心的中岛了。这里，我们选用的是来自西班牙的厨具。

说来奇妙。其实对于豪华高档欧洲厨具原已彻底断了欲念。

早年在设计杂志担任编辑时，由于经常有机会在这些名牌门市里出入，遍见经典设计大师手笔无数：Bulthaup、Boffi、Miele、Poggenpohl……件件都是美得超凡绝俗的梦幻之作，弄得不知多少次脑海里一遍遍勾勒着不切实际的幻梦："总有一天，我一定要拥有！"

然而随年岁渐增却是越来越清楚知晓，不仅自己的能力财力委实难以高攀，蓬门小宅面积有限更显不出气势；尤其个人烹煮习性和工序一年年越加成形成熟后还益发了然，纯粹欧式奢华气派取向的厨具设计思维，和自己的真实需求显然有不小的鸿沟和差距。

就这样，目标一度朝日系厨具转向，几乎已经确定将会是我的不二选择……

没料到有一年，连改造计划都还未真正萌芽之际，因缘际会结识了Santos的品牌总代理许宏荣。算是缘分吧！那回，本来只是慕名前往参观他在老屋新用领域里赫赫有名、兼作门市与住家的大稻埕老屋"宅邸食旅"，参观当口遂也顺道看了厨具，结果竟然就这么一见倾心。

据说由一群西班牙妈妈担纲设计的Santos，风格极简雅平实低调，不炫目不浮夸，然而细看下却处处可见无微不至实用到位的巧思。尤其是各种细部配件零件，不管是材质的选用与加工，以至分格分层分类方式和弹性运用逻辑都聪明合理，让人点头频频。

甚至，过往一般厨具里很难周全尽善处如水槽柜，以及让我分外深恶痛绝，可说也是触发我非全中岛厨房不可、一点都不想再碰的转角处理，更是让我五体投地大为叹服："原来只要这样就可以？"

当然，比起一线顶级欧洲厨具来得略略平易的价格，也是让我禁不住转念动心的主因。

还有许先生对厨房厨事的热爱和熟习。和一般展场的一片光亮如新毫无人间烟火气息不同，这里，锅碗瓢盘油瓶醋罐满满堆置，每一组厨具都看得出日常重重使用痕迹；同为料理爱好者，更是投契。

事实也证明，到后来，许先生兼具专业者和使用者的双重丰富经验也成为漫长沟通规划建构过程里的一大助力。于是，如前篇所述，这座因难以止息贪婪之心挠动下导致一路增长到 270 cm×120 cm 巨硕尺度的中岛，形貌配置，无一不是凝聚了我对厨房多年积累而成的点滴思考想法愿念的结晶：首先，总高 91.2 cm，是参考西方厨具尺度与我的身高审慎定下的——这点很有意思，出乎东方人身形，其次也是尖底炒锅需要多一些空间的缘故，传统台式流理台通常较低矮，在 80 cm 上下。然这样的高度固然炒菜时舒服，切菜备料就免不了得低头弯腰，长期下来着实劳瘁。

当然另有变通之道是将炉台处单独下降，分为两种不同高差。但这种做法除了损及中岛的整体完整流畅感，也很容易形成死角，油垢污渍清理不易。

好在我家菜色类型素来兼容各种风格，虽也爱尖底炒锅但非绝对主角，遂直接采用 90 cm 高度，实际使用下来，果然轻松多了。

另一特别处是赛丽石台面，只有薄薄 1 ~ 2 cm。此是来自许先生的建议，尽量争取收纳空间，也使整体视觉轻巧不厚重。

中岛厨房最令人迷醉的是，不再闷困一隅呆面墙，分分秒秒都有美景在眼前相伴。

接下来，出乎长年经验——是的，我已经不想再忍耐任何看不到摸不着、东西一放进去就忘掉的暗黑神秘角落了！因此，柜体本身不设任何门板，除洗碗机以及为不使整座中岛量体太庞然而刻意留出的一格开架外，剩下全数做成抽屉，务求一一拉开便能悉数清楚了然。

抽屉的用途与功能分配也经过深思熟虑。

我的向来坚持，位居全宅正中央最明显位置的厨房中岛，最要紧的是可以随性但最好不要零乱……好吧，我承认这点和中村好文先生的看法不大一样。

我永远记得，年少时曾在某家标榜欧式田园乡村风餐厅里惊见一座琳琅满目到"几乎找不到中岛究竟何在"的奇妙厨房。身在此中，感官渐渐变得靡芜喧哗，怎么样也静不下心来细细品尝。自此成为我的毕生最大警惕之一，砥砺我不断自勉，无论如何都不能像它……

所以，所有相关用得上的工具道具之安排摆放都得细细分配停当。

首先，确定只有第一级最常用且样子好看的工具用具允许挂于吊

中岛后方靠墙处的橱柜与台面，是置放各种厨房电器与茶具和次常用的干货调味料与工具所在。

架或立足台面上。其余全盘以日常工作动线为基准做分配：第一位置亦即中岛内侧下方四个大抽屉为最核心，次之为中岛后方靠墙抽屉，再其次则为中岛外侧五个大抽屉。然后，将物件按照用途与使用频繁度严格分级，有理有序次第安排入各个不同抽屉中。

例如基础调味料瓶罐虽说也是顿顿都要使用，但一来最不容易整齐美观，二来保存上也大多不宜见光，故一一排入木质方盒中整齐置于炉台下第一层抽屉右侧，伸手可及；左侧则是同属一级常用的碗砵碟盘的家。

第二层抽屉再分两道，夹层浅抽屉放次常用工具，之下放大小锅具。水槽下方抽屉则摆放和洗涤有关的器皿器具。

接下来，除了中岛后侧烤箱下抽屉用以存放烤箱周边工具，中岛外侧近餐桌方位的抽屉为餐桌专用的饭碗、骨盘、筷匙刀叉的存放之所；位于动线末端的其他剩余抽屉便都划为不常用的备援物件的收容处。

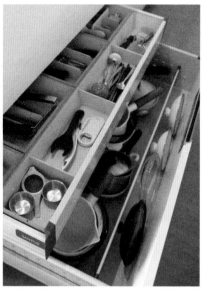

中岛外侧抽屉为餐桌专用的饭碗、骨盘、筷匙刀叉放置处。

炉台下方第二层抽屉分两道，夹层浅抽屉放次常用的工具，下面放大小锅具。

炉台下方的上层抽屉是整个中岛里最受重用的第一收纳主角，基础调味料与最常用的碗砵碟盘都放在这里。

如是，大家伙儿各安其位，留得台面干净清爽；视觉舒服外也多留了余裕，不仅烹调煮食上得以游刃有余畅快挥洒；一年多使用下来还发现，厨事之外，这儿也渐渐成为我们的工作台，一些临时琐碎零星家事工作都就近在这儿解决，非常方便。

　　最后是炉具。一字排开三口炉，尖底锅与高汤锅专用的瓦斯炉一口、电陶炉两口，以及已然垂涎不知多少年的台面式蒸炉，清蒸水煮两相宜，成为日日餐餐几乎都用得上的一大战力。

　　至此，梦寐多年的理想厨房终于大致完成落定。是属于我的，写意自在但有条有理不至于零乱，交织着笑容与哼唱，可以愉快而轻松有效率地烹调食物打理家务的地方。

我爱厨房：
关于，我的
泡茶角落

毫无疑问，爱茶恋茶如我，理想厨房里，当然也审慎规划了冲茶泡茶的角落。

事实上，厨房于我，除了烹调煮食外，也是重要的泡茶空间。所以，如何能于此中利落自在备茶侍茶，始终是我看待厨房设计的必要条件。

早先，原本的厨房在这方面便已着实花了番功夫。但最大不同是，由于当时颇热衷于收集、轮替使用各式茶具杯具，遂特别在泡茶台面旁打造了一座由地顶天的大大玻璃柜，五颜六色形状多样杯具琳琅满目缤纷陈列，十分壮观。

然而多年下来，仿佛重又见山是山的心境转变，在杯子的替换使用上渐趋固定，当然绝非弱水三千却只独钟一瓢饮，但也不再是雨露均沾兼爱博爱大家都轮得到。

味蕾脾性的越加尖刻犀利，加之经久体验抚触积累熟悉，早已越来越清楚了然甚至挑剔着，绿茶青茶红茶花茶热茶冰茶奶茶水果茶，不同茶品之色泽香气口感滋味余韵，究竟得要茶杯柜里的哪一只杯，才能完美匹配绽放。

遂而这回，特意趁着搬家，一口气将既有的茶具茶杯收藏忍痛割爱舍离大半，只留真正喜爱珍惜派得上用场的……收纳重点，反而改落于我那一年年越见丰硕庞然的茶叶上。

对此，动工前不断沙盘推演，几经思量，决定将此区设置于中岛后方靠墙平台一角，与主要烹调战区略微区隔，不至于短兵相接、气味工序相互干扰。

刚好此区也是烤箱、微波炉、咖啡机、烧水壶、保温热水瓶等电器设备安放位置，取水煮水都方便，且还有剩余台面可以摆放茶盘茶匙滤杓杯垫，冲泡操作空间也算足够，离中岛水槽亦不远，一个旋身移步便能倒水洗壶冲杯。

至于收纳，则在墙面钉上两列开放层架，作为平日最常取用的杯具壶具摆设处。再上方则是三数座玻璃柜，存放展示较不常用的其余器皿道具。

Before

曾经拥有的茶具柜，五颜六色形状多样的杯壶
道具琳琅满目缤纷陈列。

After

现在，心态已改，平素常饮的各类茶和咖啡都已找到确定的匹配，够用就好。

俗称"大怪物"的大型推拉式收纳柜，是茶叶茶罐们的储放之所。

紧邻平台旁，则有一具想望已久、俗称"大怪物"的大型推拉式收纳柜。这儿，就是我的一众茶叶茶罐们的新家了！

　　高高宽宽、上下共六层网篮，两侧都能取物，从红茶到绿茶青茶黑茶一层层分门别类错落有致摆好。每要泡茶，一拉开，整整齐齐清清楚楚，有什么茶、想喝什么茶、选什么茶一目了然，乐趣与效率兼具。

　　于是，煮水、拿取、操作、收纳、陈列等功能和动线就此全数妥帖流畅落定。现在，这儿已成平日里我经常流连之所——忙碌工作夹缝间，来此小立片刻，细细静享挑茶冲茶过程与随而四溢绽放的茶香，即使仅只短短数分钟，依然无限舒心。

客厅？不，
是起居室

　　静心数来，可能因是彻底翻新，加之希望涵盖进来的项目极是琐细庞杂缘故，明明不到 100 m^2 的小小住宅，耗时却是惊人地漫长：从 2012 年底开始发动，足足花了一整年，直到 2013 年 12 月才正式完工迁回入住。

　　也因此，这长长时间，于是成为彻底检视思索自己的既有生活方式、对家的看法和追求，以至对未来的憧憬和愿望的一次绝佳机会，所得所获良多。

　　比方过程中，有件事一直颇让我再三玩味：那是，我们的"起居室"。

　　"Living room"——家中最主要的活动与相聚空间——嗯，究竟该称这里为"客厅"，还是"起居室"呢？和设计团队的沟通过程中，两个词语我们始终不断轮流称用，奇妙的是，却一点不曾有人混淆，全都下意识知晓所指为何。

　　让我对此越来越有感发。实际上，大致而言，习惯称"客厅"确实比"起居室"要普及得多。但一般状况里，几乎大部分的人家，最常使用这地方的往往都还是家人，而非客人。

只不过在这样的思维下，进行设计与家具陈设配置之际，有时便难免不自觉地"反客为主"，以接待客人，而非自己的真正生活状况为第一优先考虑。

连我自己早年也曾不知不觉落入这个窠臼，于是依照寻常惯例，弄来了个四平八稳偌大客厅。

然在接下来的岁月里却是渐渐清楚发现，客人当然不可能天天来，反而是自己在这空间里的需求和用度并没有被妥帖照顾完整。

所以相较起来，我越来越倾向"起居室"这个称呼，功能和意义都更符合实际。

所以这回，既已确定是常日相聚休憩作息之所，从一开始，我们就决定尽量排除待客考虑，完全以自个儿的自在安适为上。

结果，起居室反而成为我们整个家里，从尺度到陈设均最小巧简

由于颇爱席地而坐，家里茶几向来都选低矮的款式。这回为使小小空间不生压迫感，更特意定做成只 20 cm 高，好用好看。

单的地方。

　　毕竟小宅面积有限，家中人口少，自然一点不需大，两人够坐够用够相对聊天把盏对酌就好。唯一坚持是，座椅沙发紧依窗畔，能与舒服天光与风景为伴。

　　多出来的空间和预算，则让给我们更珍爱更重视的厨房、书房，甚至餐厅和浴室。

　　到头来，果然挤压得只剩小小方寸面积，导致正常长度沙发全放不下，只好转而定做。因应我们的种种细琐麻烦要求，静敏设计师别出心裁因地制宜设计了一张两向两用沙发：一面朝起居室、一面朝餐厅，可以背靠背两面入座、两面赏景，这边儿看电视烤壁炉，另边儿和餐桌上的人把酒聊天……自成另番不同趣味。

　　因而又有了新的体悟：所谓"Living room"，有谁规定必然需得有特定的所在和形式？每个人对居家对生活的喜好、习惯、愿想都不同，谁说厨房里、书房里、餐桌上不能相聚休憩作息？只要安排得当、合意合心合情，每个空间都可以是陶然徜徉乐在此中之所。

　　当然，还是不免有人问我，要真有客人来该怎么办?

　　——认真想想，细数过去年光，每每客人来访，其实极少待在客厅，反而最常是大伙儿围着餐桌喝茶喝咖啡聊天吃东西，欢洽开心。因此在我家，餐厅向来才是我们真正的"客厅"。

　　更有趣是，迁入新家一年多来，访客们最留恋所在，渐渐竟然也不再是餐桌畔了！反是一伙人团团围靠着我那大大的厨房中岛就这么聊开来，自个儿添酒倒茶煮咖啡抓点心吃，甚至一时技痒干脆反客为主卷起袖子当炉露一手，说笑玩闹乐不可支，怎么相请都不肯移步一旁沙发或餐椅坐下……

　　让我更有所感：欢聚此事，从来不见得需有固定的场域、固定的形式，随性随心随一己之真正所需所求所望而走，开心就好，自在就好。

别出心裁的两向两用沙发：一面朝电视、一面朝餐桌，可以背靠背两面入座。

好生奢华，
我的书房

　　说来有趣，近二十年前刚刚住进小宅时，完全不曾预料到有那么一天，我会成为在家工作者。但那时刻，出乎写作人的愿望，我还是要求，定要把我的书桌摆在光与景日夕俱佳的地方。

　　然而贪婪太过，面景处其实已颇拥挤，只得与餐厅共享一区，硬生生挤在餐桌旁。

　　当时其实已经有些局促，等到职业生涯转换，全天候在家上班后更觉尴尬，不仅距离主书柜动线稍显曲折，查阅参考书籍都得来回奔跑，置物与台面空间不足更导致忍不住常将工作版图往餐桌延伸，每到吃饭前都得先清桌子。不管工作或用餐，氛围心情甚至步调节奏都受影响。

　　于是，这回得以从头再来，书房自是改造要务之一。

　　所以，在静敏的设计下，将原本的厨房位置大方一笔划归书房使用，同样坐拥大窗，天光与景致依然优越，却终于能与其他空间断开，安静独立不受干扰。

方方正正的"琉球榻榻米"。比起一般长方有布边的榻榻米更简净朴素，是我喜爱的样式。

当然面积也因而格外宽广裕如，得以容纳下长长的"Ｌ"形工作桌和层架，一扫过往被堆积如山数据书籍几乎淹没的左支右绌，好生畅快。

桌台后方则是榻榻米区——长年旅行日本，我对榻榻米一直很喜欢也习惯，但却对许多住宅常有的"和室"没有太大好感。总觉得实用性很低，到头来往往只沦落充作堆放杂物之用。

这回，改造前去了静敏家，却发现他竟把全宅景观最佳处留给了榻榻米，且因规划得宜，反成令人流连不去的迷人角落。

让我不禁心痒心动跃跃欲试。后来，在他的建议下落脚于此。当然指定铺设的是我一直喜欢想要、方形无边的"琉球榻榻米"，不大，小小巧巧共只六枚，简单朴素，煞是好看，习习草香闻着尤其清新。

就此成为家中另一重要"居心"之所，平日工作之余或查找翻阅资料时常在此小坐暂歇，夏天午后偶在席上偷闲小睡一晌，意绪烦乱时也来此盘坐静定，深得我心。

然后榻榻米区与厨房间之中介中隔位置，就是此次翻修计划的又一核心重点，或说嗷嗷待救之"痼疾"：我的书柜了。

对此，还记得刚刚决定重新整修家居之初，苦于书量太大房子太小，委实不知如何容纳，遂曾先后找来两位设计师商量。

第一位是多年未见旧友，照说知我颇深，但一进门看到满坑满谷从架上满堆地上，继之泛滥全屋各处的藏书，却还是刹那濒临崩溃情绪激动："我完全不懂！一个人怎么可能会需要这么多书？"让我一时语塞，好半晌才怯怯嗫嚅回答："但我整个人、整个人生，就是这些书所支撑起来的呐……"

第二位，也就是静敏，反应则全然相反，冷静绕了一圈后，微笑对一旁忐忑以待的我说："照我看你的书也不算多，我想未来应该都放得进去，你还可以多买些新书没问题！"让我顿时感激涕零，当下确信所托得人。

由于经常边工作边做菜，厨房书房两边奔忙，遂而，两空间之彼此通透声息相闻，一直是我的居家设计必然之需。

果然不负期待，设计图出炉，静敏大手笔画出由地到天横贯全宅最中心的巨硕书柜一座。算算，即使不过分堆叠，两向前后再加上其他次书柜、几处书架，显然绰绰有余。

　　后来，这些估计当时超过两千之数的书，在痛下决心后发愤离弃大半，然仍旧难分难舍留下千余本。此刻分门别类全数上架，面朝公共空间处放文学小说、散文、建筑、艺术、历史和旅游书，书房这方则是饮食和食谱书的家。最开心的是悉数上架后仍显从容空荡，满足不已。

　　而虽然欢喜得能拥有独立书房与充裕书柜，但还是希望能与公共区域间保留一定程度的通透开敞，尤其因经常边工作边做菜，厨房书房两边奔忙，两方彼此声息相闻更属必要。

　　遂请静敏略做更动，将原本两方书柜间的隔板全部拿掉，一任开架，更明朗明亮外，从工作桌转头可望炉灶，从中岛处抬眼便可见屏幕闪动；不管是汤水沸腾了、炖菜逐渐香气四溢、冲茶计时器开始哔哗鸣叫，抑或有同事线上传讯、备份完毕档案传好，一有动静便可立刻冲回照看。

　　是在家工作者兼煮妇之不得不然。看似忙碌多工但也是生活里的寻常之乐，踏实陶然。

Before

过去，主书柜位置与书桌有段距离，查找书籍都得来回奔跑。

After

现在，书柜就近在书房口，且还是双向设计，起身转身唾手可得。

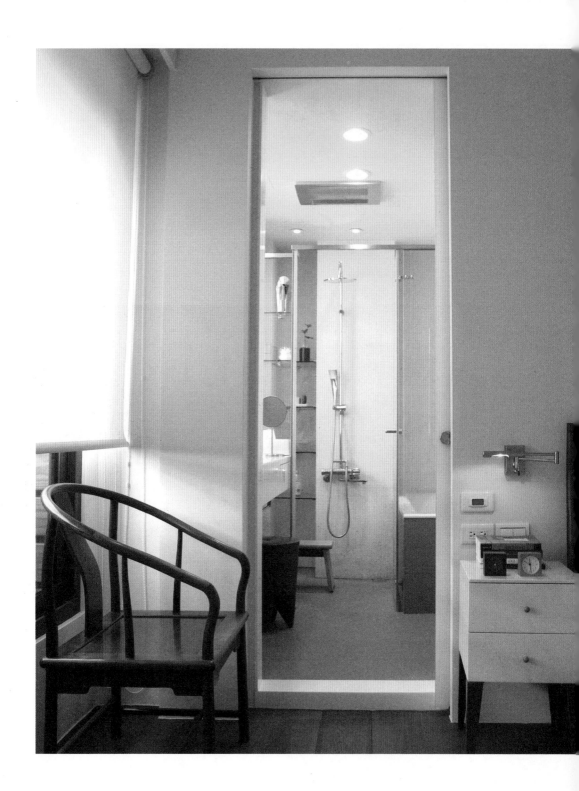

浴室，
疗愈享乐之
必要

我常说，整个家居里，我最重视的功能空间，第一是厨房，接下来，就是浴室了！

虽说真正计算待在里头的时间长度，此二者绝对远远落于书房、卧室，甚至起居室之后，然而对我来说，长年生活下来的领会：厨房、浴室若能规划得宜，使每一次的使用都舒舒坦坦尽情彻底徜徉其中，所能发挥发酵的愉悦和疗愈效果之大，绝对超乎想象。

特别是后者，梳洗盥沐人生享乐事，一点用心，便能萌生仿佛被好好眷宠着的奢华感，更被我视为住宅设计中最事半功倍的划算投资。

所以，早在二十年前的最初原始设计里，浴室部分便已格外费心用力：干湿分离配置、长长台面、独立淋浴间、舒服大浴缸，还刻意安上一扇大推窗，一推开便可从浴缸透过卧室揽观窗外夜景……

结果确实多年使用下来，大致可称妥帖舒适。只不过，人之欲望无尽无限，随年岁阅历增长总不断有新思考新视野新领略……尤其后来一脚跨入旅馆研究与写作领域，全世界住遍无数旅馆、踏足多少浴

习惯坐下来洗澡，洗浴节奏更悠慢而专注。同时趁机泡泡脚，对睡眠质量很有帮助。

室，眼界与见地理所当然更上层楼。

而各国各地各种浴室里，整体而言最让我激赏的，莫过于日本的浴室。

我始终认为，日本真不愧是全世界最爱洗澡也最懂享受洗澡的国家了！尤其再加上这民族向来一丝不苟，甚至还带点洁癖的个性，使浴室的每一格局动线配备配件的合理合宜精细考究，都令我心折叹服不已。

所以这回，居家全面更新翻修，主要思维概念几乎都以日式浴室为师：首先，浴缸和淋浴区合一，再不用湿答答冷飕飕披着浴巾在淋浴间与浴缸间跑来跑去。以及，尺度刚好、脚踩得到底的浴缸，一不小心睡过去也不至于遭遇溺水危机……

是的，长年经验下来，越来越体认到浴缸尺度适中最好，大而无当反而躺坐皆不稳妥安顿；尤其是看着气派、但一打开便轰轰作响吵死人的按摩浴缸，更非向来把沐浴当作每日静定放空沉淀心神时段的

独立如厕间、电热毛巾架，都是旅行时从异地学来的点子。

我得能消受，还是敬而远之为上。

淋浴间设置板凳并搭配可上下挪移的淋浴杆加吊挂手持两用莲蓬头——只要试过就知道，坐下来洗澡，洗浴节奏自然而然变得专注、仔细而悠慢，好处多多；尤其再加上桧木泡脚桶一枚，无暇泡澡时至少趁机同时暖暖脚……是忙碌疲惫一天后的绝佳舒压甚至保证安眠之道。

另一最大重点是，和浴室隔开、独立的如厕空间——即使新居分给浴室的面积比从前小，仍然坚持隔出仅能容身的小小方寸之地。如此，沐浴盥洗时不会老觉得有个马桶在那儿，视觉嗅觉氛围都觉干扰，家人使用上也可以更弹性有效率。

当然里头一定不可少的还包括，已然梦寐艳羡多年、被我视为20世纪最伟大发明之一的冲洗式马桶，才算圆全。

还有，电热毛巾架，同是国外旅行时深深恋上、发愿非拥有不可的好物。所剩墙面不多，但还是坚持装了个瘦小版，确保洗澡后有热乎乎干爽毛巾可用。

　　然后，就是梳洗与梳妆台面了。在外表打理上一向大而化之的我，自小到大几乎从没使用过化妆桌，一直以来都是洗脸槽边摆张圆凳简单解决。

　　这回，同样受格局所限，可安装台面略短，于是灵机一动请设计师将玻璃隔墙位置往淋浴间方向稍微退缩，以争取多一些长度，并于上方钉上层架作为置物之用。

　　这样一来，不仅台面更宽朗清爽，视觉上也多了变化。小小改变，舒服不少！

浴缸和淋浴区合一，以及兼具盥洗与梳妆功能的台面。透过精确的格局分配安排，小小空间，大大舒坦。

说说，
我的七大
收纳心法

　　我始终认为，居家设计规划的大多数课题，都和收纳有关。

　　虽说每每提及此，都难免引来一阵惊诧："有这么夸张吗？"然而在我看来，所谓收纳，意指日常所需所用的所有对象该如何安放——如此细想，还真的整宅里几乎大小物事尽皆悉数囊括。

　　而在此必须承认的是，数十年人生里，我好像直到这回家居全面改造后，才算是真正开始些许懂得收纳。也许是工作上太过严谨，轮到日常生活频道，从小到大总是迷糊懒散率性多过条理积极章法。所以自有记忆以来，住处总是一派"写意"，东西用过漫不经心随手一放，下回要用时再来翻箱倒箧漫无目的查找。

　　尤其从事编辑与写作工作后，大批数据加上原本就一年年以倍数速度成长的藏书，导致灾情更加泛滥；即使确实越来越觉得负担，但不知为何，却仍旧无法建立起有逻辑有系统的积极聪明收纳习性。

　　后来，出乎意料，竟然是旅行一点一点改变了我。

　　多年来风尘仆仆到处走，且其中许多都颇紧凑奔忙，渐渐养成了以最高效率面对每一细节分秒的习惯。

　　行李打包必得严严实实分门别类有条有理全无任何冗赘浪费。一抵达旅馆进入客房，全房拍完照做完记录后，立即开箱将所需对象依停留天数与功能用度所需，审慎房间各处一一归位，并同步配合调整房内家具摆设位置坐向。务求在第一时间从身到心全数安顿妥当，以能彻底放松休憩，整备力气面对接下来未知的旅程与挑战。

　　如此，多年"训练"下来，着实越来越有深刻体悟：是的，对旅人而言，真正维持日常基本所需对象其实远比想象中少；甚至拥有得少、负载得少，反而还更自由开阔。

　　然后，对象少，再加上有秩序有逻辑地置放，触目可见唾手可得，日夕晨昏作息之起坐眠睡盥沐言动便开始缓慢从容有余裕，自然而然便能安适舒坦。

　　遂而，我之看待收纳，从此有了全新的角度和眼光。

　　于是，2012年底全面开启的住宅翻修改造，成为我的人生收纳

家里向来极少纯粹美观的装饰品，因为始终认为，各种寻常生活对象才是最动人的风景。

历程的重要分水岭；刚刚好，以此作为一次告别与重整，从头贯彻这许多年来逐步凝聚清明的收纳心得与计划。

第一步是"舍"。宛若壮士断腕，细细检视既有书籍数据餐具工具文具道具衣物杂物，若非绝对必要无可替代不可或缺便断然割舍，能捐就捐能卖就卖，其余一律扔弃，一口气至少挥别大半……果然从来都说"舍"才是最好的收纳，刹那轻松不少。

另一领悟是"少即是多"。早年，我也曾经盲目服膺过这世间所普遍抱持的收纳空间至上的观念，以为只要预算和空间容许，无论如何越多越好。

就此迎来了一个橱柜之家，储藏室居于全宅正中央，四面延伸出去，可见不可见处处皆是橱柜。

不料结局无比惨痛——到最后，几乎每一橱每一柜都塞了个满满，且直到迁出前一一清点方才讶然发现，比例绝高都是早已抛诸脑后忘个精光的冗赘无用之物。

让我顿时警醒，过多的收纳与储藏空间其实是一种魔障，诱引你不知不觉蒙了眼目迷了心智，禁不住开始累积不必要的东西，弱化了断舍离的决心与能力。

实际上，收纳此事，真真是"足够就好"。即使略有不足，也往往成为一种修行，砥砺自己得能一次次及时面对、正视人生里生活里居家里的真正轻重缓急，不为无谓的贪婪软弱所限围奴役。

所以这回，收纳版图有了明显的消长：划给厨房与书的空间增加了，贮放衣物与其他杂物的位置相对大幅缩减……明确反映了我的此刻生活景况与期待，以及面对物、面对欲望的决心。

然后在设计上，则贯彻"各安其位"原则，属于何处、会在哪处用到，厨房归厨房、书房归书房、起居室归起居室、卧室归卧室、浴室归浴室、玄关归玄关……性质上功能上该是哪里的东西就一定只在该处或近处收纳。

甚至更进一步做到"触手可及"——这么多年下来，太明白知晓懒怠实为人之天性，越是耗时费事便越容易苟且因循。因此，所有物件工具按照使用的频繁程度做好区分，尽量在一伸手一弯腰，最多一旋身范围内便能轻易取收，才是一劳永逸之道。

我总爱说，这是"露与藏"的哲学。从过去到现在，除了少数挂画与早年买下的旅行纪念物，我之布置家居向来极少使用纯粹美观的装饰品。所以，厨房里的锅碗瓢盘杯壶碗碟刀铲杓匙瓶罐，书房里的书册纸笔，浴室里的巾皂盆刷……我喜欢，让这种种生活里的寻常对象自自然然成为家中的风景。

但也绝非就这么全员倾巢而出，整屋子琳琅满目热热闹闹，连几个星期用不到一次的也跟着开架上一起排排站，视觉上喧哗纷乱，还徒然积灰惹尘；定然是常用者挑大梁粉墨登场，不常用者橱柜里抽屉里储藏间里整齐安静待命才好。

而既然须得自成风景，"兼具美感"则是另一心法。好在长年对此便极锱铢必较，素来家中大小对象从样貌颜色到材质形式若非百分

厨柜与书柜大大、衣柜鞋柜小小少少，明确反映了这些物事在我生命中的顺序与重要度。

收纳与布置合一，让日常的归位整理成为一种可以时刻徜徉其中的乐趣。

百合心合意，便宁缺也绝不轻易放行进家门。因此，不管是露是藏，看着都颇舒服搭配合衬。

也因了这怡然的美感，合收纳与布置为一，日常整理清理动作于是也成为一种理所当然的反射——居住一年多来，发现自己竟然一改过往的惰性，总是不自觉便开始这儿收收那儿拢拢、这边摆摆那边排排，收纳不再是须得日日奋起自律的美德，而是时刻徜徉其中的乐趣。

且既然确实乐在此中，故也不忘时时提醒自己，切勿自我要求洁癖太过，"适度保持从容随性"，偶尔容得一点不经意小小淘气般的零乱，别是另番自在生活味道。

关于，
断舍离以
及其他

　　在此先承认，由于向来偏执认为人生与生活课题应该自己面对自己修行，所以我从来不曾读过《断舍离》或任何相关类型的教学书。不过，从首度听闻此三字以来，就十分喜欢这词里所流露的痛快决绝意味。

　　尤其这回，全面整修过程中，须得先暂时迁往他处赁居数月之后再搬回，还真让我被迫更加彻彻底底正向面对、玩味咀嚼此中奥义，而后实践。

　　一如预想，最容易的部分是衣服，原本数量就不多，到这当口更是狠心能舍，该留该捐三两下轻轻松松分类装箱完成。果然无欲则刚，心无所系念，便海阔天空。

　　出乎意料的则是杯盘碗碟茶具酒具餐具们，过往书里、文章里时时出现提及的一只只多年爱用与搜藏，筛选起来竟没有太多拉锯；印证岁月已改，曾经狂热收集杯子、日日换杯子的我，早已步入另番不同心境，刚好趁此一次挥别过去，从头迈向新章。

舍与离的难题，其实不只在欲望与需求上，所珍视的生活方式和价值在人生天平的位置与重量，才是关键。

　　些许感到艰难的是，许多许多过往旅行资料：翻得折得撞得旧得狼狈的指南书，陪伴多趟、历经风霜的地图，甚至网络普及时代之前、一沓沓与各地旅馆来回往还的信件传真，以及数不清的随身笔记本、手札、画记……数量太庞大，无法都带走，只能重点拣选，其余心疼留诸记忆。

　　然后，不作他想，最大魔障是我那早已满坑满谷、从柜子一路蔓延泛滥到屋内墙边床下桌下各角落的巨量藏书。从来便是我最大的纵情挥霍项目之一，每一本都曾陪伴、滋养了这一路走来的每段人生时光，获益良多影响匪浅，怎忍轻言分离？

　　结果，谁能留谁得走，一本本反复翻看犹豫，足足天人交战十数天时间，忍痛决定仅留下日后确实用得上，或是曾在我的阅读历程中留下难以磨灭印记者，其他全交二手书商发落。即便如此，也只淘汰近半，所剩仍有上千之数……

　　最终，捐掉卖掉扔掉无可数计，远远倍数于装箱带走。让近年来

之前，书柜同时也是各种旅途中随手买下的纪念物的陈列处。

现在大多舍了，旅行时也极少买东西了，干干净净，清明自在。

自认在物欲上已渐淡泊息心见山又是山、力持简单生活低限购买的我，又更多几分警醒。

因而真心承认，这过程虽磨折，却无疑是对生活以及之所拥有的一次绝佳省视与盘点机会。

借此痛下决心大刀阔斧，不断自问：生命里究竟什么不可或缺、什么无足轻重，何为心之所系恋、何者不值挂怀应舍当舍……同时再次提点自己，未来可要谨守铭记，那些不需要的不重要的非为真爱的，就别再驻足留心。

同时也越来越能了悟，虽然早在十年前就写过这句话："不管在哪一种层面上，人所真正需要的，其实远比拥有的、想要的要少得多了。"

然而断与舍与离的难题，其实并不尽然全在欲望如何、需要与否，情感与回忆与所珍视的生活方式和价值在人生天平上的位置与重量，也是关键。

所以，经历这番痛断忍舍绝离之后，很确定的是，我仍旧不肯也不愿就这么自此大彻大悟清心寡求无欲则刚。

是的。对生活对世界的炽烈求知好奇与体验热情仍在，直至现在，入住改头换面新居一年多来，我依然无比沉醉于被喜爱熟悉的这许多书与杯子茶具餐具与其他对象环绕的欢快愉悦。

但可以肯定的是，爱欲取舍间，应比过往要来得更安定清明无疑。

断舍离过程中，毫无疑问，书是最大魔障，让我着实痛切面对了需求与拥有与欲望之间的复杂课题。

冬暖夏凉之必要

长年醉心日本茶道美学，茶圣千利休训示弟子的"利休七则"，是我努力信守、时时咀嚼，屡觉有触发有新得的人生与生活守则：

"茶应沏得适口合宜。好好添炭煮水。鲜花要插得宛如在原野中绽放。夏天保持凉爽，冬天也能温暖舒适。在预定的时刻前提早做好准备。凡事未雨绸缪。对人将心比心。"

这其中，特别是"夏天保持凉爽，冬天也能温暖舒适"更是让我格外有共鸣，衷心认同为住宅之安顿舒坦的重要基石。

——是的。相信对我稍有了解的朋友都知晓：我非常非常非常非常怕冷。

不知是天生身瘦体寒，抑或懒怠少动气血虚弱，当然更有可能是从小岛南热带和暖干燥地域里长大，对于岛北之湿冷季候始终无法真正习惯……我的畏寒怕冷，几乎已达如临大敌程度。

每每一进入深秋便手脚冰冷，穿再多也不济事。尤其近几年极端气候，寒流频频，一年冷过一年，再加上宅小窗大玻璃多，且前方一望无际开阔朗朗全无其他建筑物遮挡，虽说视野绝佳，然凛冽寒风也跟着一整片长驱直入，让我着实吃足了苦头。

最着恼的是从小鼻子过敏呼吸道极敏感，受不了暖气空调的燥热干风，因此也从未动念想过安装，只单靠叶片式电暖器和电毯取暖……折磨得我每逢冬季便气色灰败面容枯槁，大小毛病一堆，屡屡哀怨不如回南方去算了！

所以这回居家改造，"保暖"毫无疑问是首要大业。第一要务是对外的阻绝。重点自然是窗户，全数往上升级，全面安装隔音隔热效果均佳的上等气密窗。

还有外墙。这些年来，渐渐从许多国外住宅建筑案例里发现这方面委实是必要必备课题；特别温寒带地区，如何借由设计与建材本身或隔热材料的使用，审慎隔绝室外的冷热同时不使室内温度溢散，是重要的节能与防寒避暑诀窍。

但可叹的是，也许气候相对温和，台湾在这方面上似是相对较为轻忽。所以虽说从设计之初便提出要求，却因相关知识、工法与产品选择俱少，另外也受现有空间条件限围，想在对外墙壁里夹入隔热材料的心愿终是不可得，但还是请工班找了隔热漆来至少先打底一层，聊胜于无，希望多少发挥些作用。

接下来，就是各种供暖设备了。

——没的说，我渴盼多年最最想要的，就是地暖。

早在十几年前于新西兰顶级度假庄园里第一次邂逅，那般从脚底心一路暖上来直达周身、全室上下四方温度均衡一致全无死角，且还悄然静静无风无声的销魂感受，让我刹那深深倾倒恋上，自此成为我的居家大梦之一。这会儿，当然无论如何非得一圆不可。

好在这玩意儿虽说台湾并不普遍但也不至于罕有，市面上仍有几个知名品牌流通，容得我们从预算、适用性、安全度与施作可能性等方面细细审慎细选比较。

由于早已决定以地暖作为全宅主要暖房设备，遂在厂商的建议下，覆盖比例极广，除了如更衣间、储藏室、客用卫浴兼洗衣间、淋浴间等较少踏足或纯粹功能空间外几乎八成面积全部铺设，以达最完整功效。

入住后实际体验，真个宛若重获新生！一扫过往的哀哀苦寒，不管多强冷锋来袭，整个家里俱皆暖如芳春。且分外惊异的是接连两个冬季下来，可能是足部暖热循环够好，不仅气色与身体状况都有改善，即使外出也似觉比以往耐冷，难怪从来中医理论都说寒气乃健康大敌，且"足热头凉"是最佳养生之道，确实其来有自。

至于众所关注、也是我们最担忧的电费……幸好一路使用下来，冬季月份与过往相较确实明显升高，但比八九盛暑高峰要低得多，还在可接受范围内。

值得一提的是，应与各种气密、隔热与通风措施得当有关，夏季冷气使用频率竟也随之大减，节省颇多，可说追求冬暖之余也同时得了夏凉。

壁炉，可算全宅里最疯狂恣意妄为的一次骄纵挥霍。

然后，我想对大多数人而言最匪夷所思的，莫过于壁炉了。

自小就莫名憧憬恋慕的物事。明明热带里出生长大却依然深受吸引，在欧洲和新西兰、澳大利亚、美国、加拿大、日本等温带国家旅行，得以一回回与各种壁炉相遇相伴后更是深深沉溺无可自拔。中蛊之深，单单为一座迷人好壁炉便不惜迢迢千里踏上旅程的状况也时有发生。

"不如，就自己装一个吧！"于是，几度客途里与壁炉难分难舍后，我们不禁萌生这样的念头。

当然知道是完全缺乏理智罔顾常规之举：毕竟身居亚热地带城市中心，小小不到 100 m^2 的房子容纳不易，更非富豪宅邸全无夸饰气派必要……为此，早在萌生居家翻新念头前便已先着实犹犹豫豫左思右想好几年，直到即将发动前夕……

"不管了，我就是想要！"就当作疯狂恣意妄为的一次骄纵挥霍吧！我们发狠下了决心。

多亏静敏设计师本身也是同好，自己从住家到办公室竟也都有壁

寒流天气里，一早起床先把
壁炉打开，没几分钟全屋都
暖了。

炉，故而对此完全理解包容，克服重重难关，在全宅公共区域最显眼
端景位置成功安装了一座壁炉。

最向往的烧柴壁炉自是绝无可能，折中采用的是从施工到相关后
续维护都容易许多的瓦斯壁炉。虽不若前者生动，但一样有熊熊旺火、
有烘烘热度，有拟真度极高的岩棉材质仿做的柴薪，燃烧一段时间后
便会徐徐转为炭红，很有气氛。

且出乎意料的是，原本以为只是纯粹氛围性质的存在，却讶然发
现实用度极高：低温天气里地暖热得慢（木地板约需 30 分钟、地砖
需 1 小时），这当口，壁炉一开，没几分钟便全屋升温，快速节能且
还兼具卓越除湿效果，成为家中一大取暖助力，可靠非常。

而完全预料中则是，这儿，就这么成为家中的温暖核心。一如中
村好文所说："从远古以来，火就在住处中央。""相同于竖穴之中
身为我们祖先的远古人类所感受到的那种深沉的笃定感，以及从体内
深处渗透出来的极大安全感。"——无论冬夏春秋，无论炉火是灭是燃，

无论身在任一角落，只要抬眼望见壁炉，心内便仿佛也拥了一团热火，感觉踏实，感觉被家拥抱抚慰的安稳与幸福。

除此之外，真正取暖设备最密集处，则非浴室莫属：不仅地暖一路铺进如厕间，还有暖风机、电热毛巾架、加热马桶座。过程中我本还一度有些退缩，觉得似乎太过，是否裁减一二好……不料，竟是其实并不怎么怕冷的另一半坚持不让："这是'爽度'的问题，一项都不许少！"

好在依他，"爽度"十足之外，以往常在洗澡时不小心感冒的我，现在日日都能从头到脚周身一无漏隙护得好好，再不怕受寒。

果然冬暖与夏凉，家之舒适与安定的必要。日时分秒，我在小宅里不断细细体验印证，同时徜徉。

地与天，
高度高度

开始注意到天花板高度，从我离开台南、北上定居开始。

和大多数传统南部小孩一样，自小在顶天立地透天厝[1]里自在长大，一整栋都是我家，其实很少意识到天花板的存在。

直到北上后，开始在集合式公寓大楼里过活，这才惊讶发现，原来高高宽朗的楼高并非理所当然；拥挤的城市生活，不仅寸土寸金，从地到天都由来不易都奢侈，天花板自然不可能高。

尤其再扣掉横梁、管道以及室内装修另外加钉的木制天花板，更是低得仿佛伸手可及，一整片沉沉罩顶，叫人几乎喘不过气来。

后来，在空间设计杂志里工作，接触到实际的层高数字：2.6 m是寻常，2.4 m也偶见，能达2.8 m上佳，能达3 m，则仿佛施了莫大恩惠，可以在房产广告上大打特打……若到3.4 m，嗯，则大多已跨入所谓夹层住宅领域，谨慎小心为妙。

我永远记得，早年初初落脚台北时的第一个住处，母亲从台南来探，

---

1. 台湾传统住宅，仅一户人家居住的多层独栋楼房。

不料才一进门，便瞬即愣住惊呼："好低！天花板怎么这么低！"一面还忍不住仓皇举起双手护头："而且，上面还有别人走动的声音……"

让我登时感叹不已——为都会赋居的局促，也为过去曾经拥有却从未自觉到的高阔的幸福。

事实上，绝非母亲反应过度，就连我自己，北来这么多年了，不单单在自己住的地方，每每踏进任何一处居宅、任何一处空间，我仍常下意识地抬头度量天花板。

就连外头路上走，也常突地留意到某栋建筑物各楼层似比隔邻高些，于是不知不觉停下脚步多瞧两眼，心里暗赞不错不错应是幢好宅。

——值得玩味的是，姑且不论南部当然一片透天厝天下，台北呢，这等"好宅"往往甚少出现在较新建筑中（当然超顶级豪宅不算），通常楼层越高户数越多造型越头角峥嵘越差，反是三四十年以上朴朴素素老公寓表现杰出，天花高高格局方正，让人多生几分好感。

因此后来，选办公室选店面选住宅，楼板高度始终列为我的首要考虑之一。施工上也在此方面锱铢必较，木制天花板能怎么少就怎么少，整体高度能留多高就留多高。

所以近二十年前，与现在居住的这房宅邂逅之初，其实一见倾心的原因不单单临河景观，还有高达 3.1 m 的层高。

几乎是一见就喜欢！不只水平横向的开阔，还有上下垂直的高朗，空间裕足，从尺度到心灵到风与光与此中声音气息都有了流通和呼吸的余地。

最重要的是，规划上设计上也才足够挥洒。

既有建筑物的限制，是 20 世纪八九十年代建筑物寻常可见的问题，窗线与阳台女儿墙都有半人高，普通市区内住宅还可视作有回护隐私的必要，但明明前方一望无际有天光有景观，就不能不对此跌足憾恨硬生生挡掉一半……

最要命的是人在窗前，站立时还能从容赏景，但一坐下，视线更不幸巧巧与墙线与窗线齐平，非常煞风景，更加扫兴懊恼。

好在楼板够高。因而从最早入住开始，只要是靠窗处都一律要求架高；前代设计架高 30 cm，现在则为 25 cm，确保人在椅榻上都能有一片无窒碍完完整整的窗景可赏。

　　特别这回，还进一步将一连排临窗公共区域的功能属性与起居动线都一并列入考虑：起居室、餐桌、书房等需要长坐的区域全数安排在窗畔架高处，日常多半站立走动的厨房则维持原样，两方视线视野都能兼顾圆全，也保留一定比例的楼高优势。

　　——最妙的是，不仅因此随阶距落差将休憩和功能空间一线断开，有界定有区隔有错落；若从高处这方看，"下沉"的厨房区竟宛如一方"池塘"，"中岛"成为名副其实的一座"岛"，趣味横生！

为了赏景，从最早入住开始，靠窗处便要求架高，当时高度约30 cm。

现在则架高 25 cm。且刚好利用高低差将休憩和功能空间一线断开，清楚明白。

关于，
家的风格

虽说和大多数人一样，我对居家之样态形貌也有着无数憧憬与向往，然而唯独一项，却从未有过任何想望。

那是，风格。或说，特定的风格。

——希腊地中海风、普罗旺斯风、巴厘岛风、中国风、贵族宫廷风、欧洲乡村风、美式乡村风、工业风、波普风……不仅一次也不曾想过让任何一种地域风格或潮流进入到我的空间中，还常下意识地努力避免甚至排斥。

原因在于，我始终认为，每一种"风格"都绝非凭空问世，而是从形式形貌到内在神髓皆原原本本自当地的环境风土气候历史人文生活方式，或是因某种酝酿已久的美感思潮的触发，历经长长时间生成演化而来。

不问根源因由，只因虚华表象的恋慕，便全盘移植到异国异地任何其他所在；若彼此间并无相似相应的地域、历史以及生活背景、经验与历练做根基，便往往只能流于纯粹浮面皮相的模仿。

从不刻意追求特定的风格。
但简、静与留白，是我的
始终钟爱与追求。

宛若空中楼阁般，既无法切合真实生活需求，也与自身的情感记忆作息习惯缺乏深刻的联结与共鸣，遂也不可能于此中得着真正踏实的安顿，摩挲出悠然绵长、安于家乐于家的情致情味。时间一长，随年岁与阅历的成长精进，还很容易渐渐心生焦躁厌腻以至扬弃。

当然仍有些"风格"和我的素来喜好颇有契合：比方西方的现代、极简主义与北欧风，日本的茶道美学，以及由斯里兰卡建筑家 Geoffrey Bawa 一手引领的热带亚洲现代风。

在我看来，这些风格有的原本就是 20 至 21 世纪当代此刻空间和居家样貌的归纳展现，有的则为东方亚洲之优美生活可能性提出了确实可依循追随的方法和路径，故而深得我心。

但实际上，虽说长年深受其中理念、思维与观点的洗礼与启发，却也不曾想过全面热烈效法拥抱。

绝非任何图腾图案符码的撷取，而是自认充分理解且认同其中精义精髓——关于线条、语汇、颜色、材料的看待、运用和处理，关于思考自然、援引自然、融入自然的方式，关于解读生活观照生活、回应需求解决需求的角度……

然后，当回过头来，开始一一如实面对、勾勒自己的空间自己的家的每一环节细节究竟该怎么安排、该长什么样时，曾经细细咀嚼的这种种，于是也会不着痕迹地，在每一个角落悄悄发挥、流露它的影响。

所以在我们家，看不到任何卵石枯沙壁龛纸灯笼等禅风意象，然而，茶道"侘寂"思想里雍容展现的浑朴粗糙空灵清逸之美，时刻提醒着我，少、舍、减、静与留白，反更能拥有无穷丰富悠远的余裕和空间。

不够财力到处摆满各款现代或北欧大师经典名椅名几，更学不来极简主义的从地到天一径坚壁清野凛白无欲，但简约利落、不尚冗赘巧饰、形随功能生的原则，这么多年来，我始终信守不二。

我虽无比仰慕 Geoffrey Bawa，但置身喧嚣都会中，我绝不想让我的家也如他的作品般通透大开一无阻隔清风任来去，但那外在天光

家的样貌，最重要是能切合真实生活需求，也与自身的情感记忆作息习惯拥有深刻的联结与共鸣，
才能让人在此中得着真正踏实的安顿。

与自然与室内格局陈设以巧妙的水平与垂直态势相对照交映，光与影与景四时日夕不断变化流转交替，现在，也成为我家里最动人的风景。

"这是，我的风格。"每每有人问起，我总是如此回答。

是依随、立基于我的日常生活内容起居方式，我对家、对美的不断思量省视辩证，以及对这小宅所处环境之光与风与温度与湿度之如何流动变化的多年体察后，逐步涵泳酝酿交会而成的，我的风格。

不是外在的硬取强加，而是从生活里人生里，自自然然领会，而后绽放。

风格不应由来自外在的硬取强加，而是从生活里人生里，自自然然领会，而后绽放。

说说，我的
"恐色症"

　　熟悉我的家人朋友与工作伙伴都知道，我对颜色，有着超乎一般的挑剔与焦虑，我戏称这毛病为"恐色症"。

　　几乎是任何鲜艳妍媚明丽……甚至粉嫩可爱色彩都在排斥之列。能够接受者，惟独白（但绝非冷冽凛然无机工业感的白）、有限度的黑，以及偏向暗沉浑拙的"浊色"等，而纯粹由来天然如大地色系，则是平素爱悦之色。

　　此病严重程度，小自个人衣着物件文具、日常餐具工具厨具用具，乃至居家与自有店铺办公室的空间色调材质……总之看得到摸得到用得到、属一己之"领土管辖版图"都在严格坚守管控范围。

　　所以，从来家中举目可见一片简素，衣柜打开更是肃穆寡欲。出外游玩或旅行时分，对可能久待所在时时处于戒慎恐惧状态——不仅下榻旅馆一律事先再三打探严选，误入色调装修不合意的旅宿甚至餐厅咖啡馆，导致不得不拔脚夺门而逃事件更是屡屡发生……

　　同事们早对我的症状束手无策，店铺和办公室以外，"Yilan 美

"恐色症"发作下,几乎任何鲜艳妍媚明丽粉嫩可爱色彩都在排斥之列,唯由来天然如大地色系是平素爱悦之色。

食生活玩家"与"PEKOE食品杂货铺"网站本身和出版物、商品包装设计勉强还由着我任性,至于店铺上架之锅具餐具选色则尽量不让插手,以免背离正常市场口味太远——则已成为大伙儿心照不宣的潜规则。

究竟为什么会如此呢?我想,不单单出乎先天个性的孤僻严肃内敛好静,更多应是受西方现代与极简主义甚至日本茶道美学的长年熏陶涵泳,对简约低调朴实无华之美情有独钟。

遂而,特别在居家设计与陈设布置上,二十多年来,这样的想法更是一路贯彻至今。

"不要颜色。"在每一设计、选材、选色时刻,我都不断强调这一点。

当然绝非悉数一任透明凛白漆黑无色,我总要求:"以材质的颜色为颜色。"——木的颜色、竹的颜色、石的颜色、草的颜色、布的颜色、玻璃的颜色、金属的颜色、混凝土的颜色……

即连家中所有对象的添购,也刻意避过任何鲜明扎眼色彩,只愿只肯只能，本质本色本来面目，本心直性相见。

事实上，对我而言，这般对"本色"的追求，无疑是一种摒去浮面表象的虚华外在涂装，直接与自然联结联系的过程。

是的。我在人生里生活里始终相信且不停印证的是，当被更多的、真正贴近自然的物事所环绕包围，眼见身触，方能真正感觉自在安顿。

一如我颇欣赏的日本设计师原研哉在其著作《白》一书中，对日本"传统色"的描述："日本传统色令人目眩的多样性起源于平安时代的王朝文化。这个时代培育出一种捕捉自然界细腻的变迁，再运用、表现于服饰及日常用品并引起共鸣的文化……"

"'萌黄''浅葱'这种从自然界捕捉的词汇纤细而微弱，但是对于颜色的观点具有说服力，所以能够深入人们的感性部分。颜色的名称就像穿线的细针，一针一线确实缝入我们感觉之中的敏感部分，从心底油然而生的是刺穿目标的快感或共鸣。"

——确实一直以来，对这世间大多数色彩多多少少都怀有难以跨越的恐惧的我，却对日本传统颜色经常抱持好感，想来应该正是出乎这般动人的和自然的细腻联结和共鸣吧！

但忍不住想抱怨的是，这多年坚持其实并不容易。居家设计施工还好，反而是日常生活用品、特别是消耗类的物品，安静素朴的选择委实太少甚至没有。弄得我每常为了一块洗碗布、一巾抹布、一只垃圾袋上天下地网海里狂搜疯找……

"为什么一定都要那么俗艳那么花俏呢？出一款素素净净盒装纸巾有这么难吗？"——这样的念叨在我家可说是随时上演。

"只不过，什么颜色都没有，不会太空寂冷清吗？"有时，会有朋友如是问。

不会的。我总认为，家的温暖，并非来自色彩上的缤纷，而是，此中人与生活的丰富、深度与厚度。

记得多年前，有位设计师好友曾对我说，居家里最美丽的装饰，是书，还有花。

家中所有日常生活用品几乎件件都经过一番精挑细选，
样貌不够安静朴素，便宁缺也绝不轻易放行进家门。

我深以为然。到现在，满架藏书，以及偶尔添置的鲜花瓶插，确实是我认为的、家中无比动人的景致。

但更知道其实远远不止：还有错落摆置其中的各种珍爱的、悉心寻来的生活工具器物，有家人起居相聚的身影，有言说谈笑的声音和不时流动的喜欢的音乐，有烹调食物的景象、声音与味道，有穿窗而入的景色与天光……

更了然的是，在这已然嘈杂喧嚣庞杂繁乱太过的世界里，当身边周遭眼所见身所处之环境越是单纯简净，心绪便越能沉淀清明；更多本质的、真淳的景与物与事与思，以及其中所追求的构筑的美好生活样貌与路，方更能，清晰浮现。

家的温暖，并非来自色彩上的缤纷，而是，此中人与生活的丰富、深度与厚度。

旧家具，
新回忆

　　不知是否出身台南古都缘故，一直以来，我对于旧的、老的事物总是格外情有独钟，甚至可曰执着。

　　——喜欢欧洲胜过美国，喜欢京都胜过东京，喜欢老城胜过新区；即连生活周遭物件，衣服动辄一穿十几年，穿惯的鞋子背惯的包包戴惯的手表用惯的手机到完全坏掉之前都不想换新，厨房里的杯盘碗碟锅缸瓢盆工具电器不少都是二十多载紧密相伴至今……

　　对我而言，旧时物旧时裳不仅拥有无可取代的自得自在、全无任何负担挂碍的安顿熟悉亲密感，更刻镂晕染了悠悠漫长岁月点滴摩挲酝酿而成的优美情致，糅合了过往重重历史记忆与活过的痕迹，叫人怎能不留恋？

　　所以这回，居家全面翻修，虽说全宅面貌架构一新，但出乎一贯惜物爱旧个性，遂早早就已决定，既有的一众旧家具除非确定已然不堪使用或形貌颜色明显无法和合，抑或数量过多体积太大无法容纳非舍不可，其余尽量重点留用。

已跟随近二十年的白色餐椅。
购自哪里品牌为何都不记得了，
却一直是我的最爱，日日吃饭
都只要它。

比方餐厅里，有着弯弯四足、可拉开成两倍长度的餐桌与两张惯坐黑白餐椅，未来仍将待在和过往巧巧几乎一模一样分毫不差的位置上，继续陪着我们度过无数美味时光。

卧室里的厚重木质眠床与两侧的白色床头柜，结婚时拼着咬牙发狠买下，这么久了，睡起来虽难免有些吱嘎作响，也白得不那么纯粹，摆进全新打造的卧房却还是那么漂亮。

更早前，记得是进入职场未久时买的一张仿明式椅，当年稍嫌簇新的亮泽终于渐渐温润，现在，从原本的玄关位置改移至浴室旁眠床畔，作为沐浴时就寝后的临时衣物置放处刚刚恰好。

旧家具落定，其余，虽确知还是得适量增购些许，然心情上的安步当车，入住一年多来却大致处于宁缺无妨状态，只依随缘分心情徐徐陆续添置新兵：最先来家的是两张台湾品牌木椅，融合了北欧风的简净与台味的敦厚。好久前在网上瞧见便觉喜欢，默默记下了，直到这会儿才下单。果然货到拆封摆上，一如所料，仿佛天生就该属这地

孔雀椅。总觉得是它选上我，
而非我挑中它。

方一样，好生合衬。

　　另张孔雀椅则为旧物。记得是迁回后不久，偶然在某旧货店里的惊喜邂逅。其实走进那店为的并非椅子，但在架上一看到它就再也转不开眼睛，是早从年少沉迷流连台湾民艺店时一直想要，却始终无力无能下手的古早怀念旧相识，此际，看来是缘分到来的时刻了。

　　后来，还得到一位长年钻研台湾老家具专家朋友的肯定，说是形制极罕见难得的神物，听到是意外之遇更加惊奇，直言老东西择人而居，自己选中了下一个归属。让我开心无比，就这么加入新居行列，成为家中日日玩味咀嚼不尽的迷人一景。

　　然后说来奇妙，相隔八个多月，再次路过同家旧货店，一眼望见随意堆置廊下、破损憔悴的一张椅，西式温莎椅形式，却有着很台湾风味的藤面，当下一见就倾心，便立即订下并央求务必原样修复。完成后果然面目一新，尤其依店家建议，细细刮除已经斑驳的表漆后露出原本木头颜色，摆进书房里特有味道。

同属旧物新添的老樟木
箱与温莎椅，相信也将
一起相伴到老。

　　椅旁的樟木箱则也同是旧物新添。早从好几年前，深陷家中藏书
满坑满谷、连走路都艰难的惨况下，渐渐开始养成习惯：每每新书
来到，读完后只要觉得不够牵心感动或缺少实用参考价值便断然舍离，
直接装箱存放，累积到一定数量即转售二手书店。

　　而为了更确保这决绝之心，网上寻寻觅觅，终于从某拍卖网站购
得一只老樟木箱，搁在新书房里专为此用。经历风霜淘洗，箱身通体
散发着优雅内敛的美丽润泽，煞是好看。多亏这箱，舍起书来少了犹
豫心疼，更多几分畅快。

　　至此，因而慢慢发现，应是此心之恋旧惜旧，即使非为既有，有
缘四方相遇得来的家具竟也大多是老件旧物。

　　应全是愿能相守相依到老的伙伴吧！我如是确信。同时期待，即
将一齐携手创造的更多崭新回忆。

且拥，
一綮綮晕黄
暖亮

　　不知为何，我很怕亮。

　　自小就一直对当时台湾住居千篇一律的、一盏白炽炽亮晃晃大大居中主灯遍照全屋全室的照明法深感困惑。总觉得太明白直接还晒得人目眩发昏，偏偏真的需要看书写字辨物时却还是得另外补足，既没气氛又欠效率。

　　后来随父母出国旅行，开始在异地旅馆或人家里见识到各种局部与间接照明手法：不设主灯，而是在需要明亮的角落如床头、书桌、餐桌、沙发、浴缸、妆镜、厨台以至过道壁间等的上方旁侧各自设置灯具打亮，走到哪开到哪，有需求才有灯光。

　　如是，不仅实用上都兼顾了，空间更因之产生了明暗层次，整个儿优雅立体起来，且灯泡多为橙黄色泽，更平添几分温暖；当下大为折服，成为我一贯追求的照明原则。

　　——说来好笑，其时，即使是大学时代在外赁屋而居，我甚至大费周章将斗室原有的吸顶灯搁着不用，改以放置各处的台灯、夹

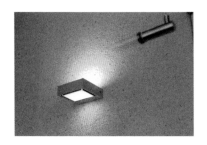

浴缸上的壁灯。简单到几近沉默的造型，第一眼看到就爱上。

灯取代。

后来有了属于自己的住居，我对每一盏灯的安法摆法都更斤斤计较，务必在亮与暗之间都能有姿态有氛围有味道。

有趣的是，不知是否一年年越发歇斯底里，几度和室内设计师合作之际总会发现，我似乎比常人更畏光。

每每灯具配线图一来，简直已成立即反射……"这盏拿掉，那排取消，这处不要，那区一枚就好……太亮了，真的不用这么亮。"

当然过程中也心知设计师们其实委屈，都说原也认为不用这么多，但偏偏大多数房主犹嫌不够，所以一开始干脆全先装上；且一般状况反而是还得往上加，像我这样大砍特砍的实在很少。

但事实上根据经验，即使大砍之后，实际进住其中，还是总会有那么几处灯具仍旧只能屈居冷板凳角色，鲜少能放光芒。

所以这回，由于预算本也吃紧，我的杀伐动作比以往更强悍，——秉持超高标准严格考虑，再三确认一定派得上用场才肯要。餐桌吊灯还配上调光开关，要暗要亮都可视状况立即弹性调整。

果然至今，每一灯都确确切切各有重用……甚至减得太过，穿衣镜前竟硬生生漏了一盏，直至入住后才忙忙地赧然央求工队回来补装。

配置之外，在灯具造型上，出乎向来审美立场，则偏爱简约静雅的设计。因为相信最美的应该是光，所以，过多纯粹装饰的线条形状图案颜色其实并不需要，暗里，且让光与影幽幽对比绽放温暖就好。

因此装修过程中，花了好多工夫各处一一仔细挑选来的灯具，样子都颇单纯，一任朴朴素素的方圆，最紧要的是能与周遭场域相衬搭，自成风致。

而一年多来，检点各处灯具的使用，很奇妙的是，结果最常用常开的，竟非预想中、也是以往习惯多年的餐桌吊灯与沙发旁立灯，而是附于厨房中岛吊架上的一圈 LED 灯，以及厨房底起居室旁的壁灯。

几乎是日日一到向晚时刻便下意识先打开，将公共区域温婉照亮。

厨房吊架上的 LED 灯，将全宅最核心的中岛温婉照亮。

（上）原本以为纯粹氛围搭配角色的壁灯，出乎意料成为每日天黑就必然打开的一盏。

（下）浴室化妆镜上的方灯，镜里镜外相辉映，煞是有趣。

细究其中原因，应是厨房中岛原就是全宅生活动线与情感寄托之最核心，当然无论如何都希望这儿一定要有光。

　　至于后者，则是这盏灯本身太美，又刚刚好拥有一面干干净净白墙当舞台，只要点亮，上下各成丰姿的光晕无比吸睛。不管身在何处，只要望见便觉动心喜悦，遂越来越少不了它。

　　这是，灯与光的曼妙。令我自此又得着更多领会和启发。

细节

小物小事，生活的厚度

我始终相信，
风格，是由无数细节形塑而成的，
居家如是，人生亦然。

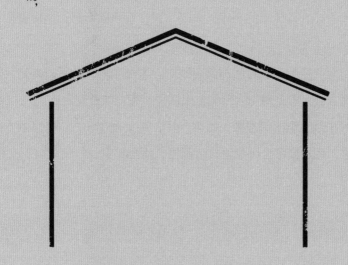

01　玄关

　　入门处。设计上的巧思，大门一开，视线即可穿过书房直直望向窗景。

　　然而一开始，我对此却略有疑虑，毕竟书柜旁此区将会是我的休憩阅读之所，总觉得与大门间全无区隔，有些缺乏安全感。

　　好在这全难不倒静敏，妙笔一挥，添上垂帘一方、香杉原木靠背椅一座，两方俱可坐可靠可倚可遮挡，两全其美。

02 冬 期 限 定

　　家中主墙面的挂画，原本早在规划之际就已经早早决定好了——由于位置就在厨台旁壁炉上，遂而选的是收藏多年、薛幼春的《茶古》。果然从风格、色调到主题氛围都无比合衬。

　　然而挂上后发现，若壁炉点燃，产生的高温易伤及油画。无奈何，只得另外找了张照片简单裱褙了以作严冬壁炉季的暂时替换。上图摄于 Pamalican 岛（位于菲律宾）的 Amanpulo 旅馆客房窗畔，可算是这世界上我最留恋难忘的旅地之一。冷飕飕阴沉沉湿漉漉天气里看着，别有滋味。

03　痕迹

　　起居室电视柜上方的摆设。除了些许早年的旅行纪念品外，还穿插摆设了几张昔日旧照，呈现的是岁月、是年纪，也是一路走过的痕迹。

04　远望

起居室窗畔的长榻，是全宅与景观最贴近处。白日晒太阳，黄昏观夕照，晚间看月亮与城市灯火倒映河上闪闪发光，是我俩不时争抢着要坐的地方。

05 藏起来

起居室沙发旁置物柜下，因摆放沙发缘故，原本只以木工封掉，我们灵机一动请设计团队留出一个小方洞，安置垃圾桶刚巧合衬。

06　秘密十二格

为能从容赏景，公共区域临窗处包括起居室、餐桌、书房的地板悉数架高25 cm。下方则密密设了抽屉，一连排共十二只，点滴不浪费，收纳琐碎杂物正好。

07　电视餐

可能和许多人的想象不同，吃饭的时间，常常也是我们的电视时间。

并不是电视打开播什么就照单全收，长年下来养成的习惯，会把平时感兴趣但无暇追看的日剧、影集以及旅游美食和自然类节目先录下来，趁着晚餐时一起消化。

所以设计上刻意将餐厅与起居室连成一气，沙发与餐桌都有电视可赏。

且不只电视节目。逢得周末悠闲早午餐时间，还将荧幕连上家中网络的媒体服务器，把历来旅行相簿也叫出来播放，陶醉于过往美好画面中。

是味蕾和视野和想象和回忆一起翱翔的时光。感官心灵同饱足。

08　方寸庭园

我的花台。始终遗憾完全没有"绿手指"且还经常旅行的我，十几年来屡战屡败不知害得多少植物在这儿死于非命……此回趁机再次挑战，特意找来专业园艺工作者细细商量，选了据说可以完全不需费心照料的多肉植物。

最终种下的是颇雅致有姿态的唐印和龙舌兰，间中点缀些大小石头增加趣味。

结果一年多来，比预料中更奔放缤纷，很是惊喜。尤其入冬后，阳台上的唐印们也一日日随而转红，还萌了细长长的花株与小小巧巧的花苞，迎风摇曳，煞是可爱。

小小花台，却宛若拥有了一座庭园般自成天地，也为这窗景平添意境。

09　露 出 来

　　开放式中岛厨房，油烟的排放自是一大课题。前面也提过，为了确保空气清新，特别装设了超强马力外加 20 cm 大风管的抽油烟机。遂而，比起一般家用常见的 15 cm，足足两倍大的管路如何走向遂也让设计团队大伤脑筋。

　　几经商量思索，最后决定从中岛处紧傍房梁一路导向前方阳台。最终出口位置也颇费了番周章，怎么样都想不出漂亮隐藏方法……"那就干脆，大方露出来吧！"静敏设计师说，遂成为起居室与餐厅间颇奇妙的一景，也让整个公共区域之"厨房感"更加鲜明，煞是有趣。

10　风来

虽说河景无限好，然而事实上由于前方就是机场、下方道路车行繁忙，噪音非常扰人，几乎大部分时间都不可能开窗。

向来颇注重通风但偏偏又极怕吵的我对此憾恨多年，好在这回，多亏有了这两扇阳台旁落地玻璃下的小小透气窗，得了女儿墙回护，稍微屏挡了车与飞机喧嚣，少许推开后仍容得空气与风吹拂入室，非常理想。

11　粉红不要

前文提过，我是病入膏肓的"恐色症"患者，稍微鲜艳粉嫩的色彩几乎都无法接受，偏偏近二十年来居住的这建筑物，外观赫然贴满——粉红色瓷砖。

咬牙隐忍多年，到了这回全面重新装修终于一次爆发："拜托拜托，请帮我把所有眼睛看得到的粉红色一次通通盖起来！"我对设计师如是哀求。

于是，利用抿石子、碳化南方松、灰漆遮了个密密实实，只除了涉及建筑物外观处不能动到……没关系，只要墙里窗里看去朴素干净就好。

12 随手抓

直接焊在油烟机周围的吊架，学自厨具代理商许先生的展示中心与家。早从第一次参观时便大为赞叹，着实是无比聪明之举。

"这个，我也要！"当下立刻连同厨具一起下了订单。

果然好用！我的急性子做菜习惯，每每四口炉子齐开，一心多用十万火急之际，要拌要炒要夹要捞要用哪支哪把全都信手架上一抓就有，爽快极啦！

13　蒸笼之必要

一如所料，台面式蒸炉确实上手，可煮可蒸，几乎已成登场频率榜首之炉具。唯独蒸面食时总还是偏爱传统竹木蒸笼多些，遂另外购置了小蒸笼，定做了木质上盖。

果然，不知是否心理作用，用来总觉得比冷冰冰的金属炉身和玻璃上盖更透气干爽，炊蒸间还透着幽幽木香竹香，心情超好。

14 布巾的归属

既是全中岛厨房，从一开始就下定决心，为求便利与功能完整，所有相关设备都得一座中岛里尽量囊括。因此，以往通常安装在墙面的插座与布巾挂杆便改置于中岛侧边上。

位置醒目，遂刻意选了样子好看的品项。特别挂杆，是挑选浴室配件时的偶然发现，朋友们看了都笑说，没想到来自浴室，竟然这么配厨房。

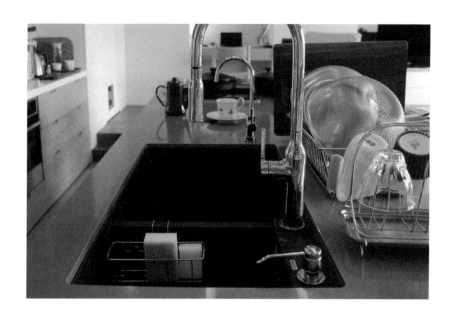

15　双槽

　　水槽，是另一半在厨房里最主要的担纲所在，从格式到配件都任他依照自己的洗碗习惯挑选打造：大尺寸双槽、附花洒的立式伸缩水龙头、可填放洗洁精的嵌入式给皂瓶……只可惜缺少摆放洗碗布的位置，于是利用市售现成品略为改造后挂上，还算合用。

16　琳琅满目

　　另一半洗完碗盘后的厨房景象——应可作为中岛吊架如何淋漓尽致使用的经典示范……

17　酒藏

还记得多年前，决定买下这个只能容纳四十瓶葡萄酒的酒柜时，周遭酒友们纷纷劝阻，都说定然很快不敷使用，还是选择尺寸大些的好。

当时思前想后，一来居家空间已然无比窘迫，为了这酒柜进驻还得先出清数百本书才能容纳，说真的完全没本事买大；二来对于藏酒此事已然越来越有不同想法，遂还是决心迎它来家。

后来居家全面改造，也未有任何扩大之想，厨房中岛旁留了刚刚好位置原样嵌入。比起以往需得远远屈挤起居室一角，现在终于得能和其他厨房设备同聚一堂，选酒取酒动线更加流畅。

至于到底够不够用呢？毫无疑问，答案是肯定的。

仅仅四十瓶容量，对好酒者来说看似少得可怜，束手缚脚难以施展；但对我而言，却刚刚好成为一种绝佳的修行，时时提醒着我：只买当下要喝、立即能喝且适宜佐餐的酒……最重要的是，确实有缺才添购，一旦满载，即使遇上再诱人的酒款酒价都不轻易下手。

虽说少了搜酒存酒藏酒陈酒的乐趣，却因此能不受欲望驱策，淡泊轻松自在自得。

一如我在《食·本味》书中谈葡萄酒的文章里所分享的此刻饮酒态度：*"不看评分、不追星等、不求顶级、不拥窖藏；随遇而安、用心专注，只在餐桌上与每一瓶、每一啜佳酿相遇刹那的喜悦，以及和料理间撞击而生的火花……"*

舍，才有余裕，然后有自由。葡萄酒如是。居家、生活与人生亦如是。

18　酒鬼专属

　　葡萄酒柜之外，因对威士忌等烈酒也同样钟爱，当然也得好好找个安放地方。雀屏中选的是中岛边角为不使体量太庞然而刻意留出的一格开架，离杯架、餐桌、沙发区都近，取用享用都方便。

　　最有意思的是，这角落也因此成为一票酒友们最爱流连的地方。全不需费心招待，人一来家便直奔这里，自顾自一旁架高地板舒服伸腿坐下，人手一杯自选自取自倒自饮，醺然乐陶陶。

19 分开工作

另一半的工作内容和我不大一样，除了经常外头奔忙，即使在家，也花不少时间往来沟通讲电话。偏偏我写作怕吵，所以早在设计之初便明确提出要求：两人的工作桌能离多远就多远、相距能多长就多长。

果如牛郎织女般，各自盘踞全宅极东极西两端。而那方，与我的书房相较虽明显狭小，但地利极佳，近可享壁炉，转头还可隔窗闲望夕阳，让我忍不住心底有点儿偷偷羡慕他。

20　壁毯

　　静敏设计师的点子：在书桌后方墙面上贴了一整片椰纤毯，可吸音、当布告栏用；而且，很好看。

21　数码时代

　　书房"L"形工作桌侧边，是全宅的网络设备机柜。另一半在此花了许多心血，细细规划配线，将所有无线有线网络、储存备份和影音设备全集中在此；还将柜门设计成通透格栅式，以方便散热和讯号传送。数码时代居家不可或缺的一角。

22　榻榻米下

地板收纳——算是一个让我颇矛盾的功能。过去经验，因着深藏地板下且开合费事，效益相对略低，甚至很容易不小心就这么忘了⋯⋯

但由于新居为了迁就厨房与书柜的加大，其余收纳空间严重不足，考虑良久，还是决定设置。目前主要存放纯粹收藏品或纪念物，可算尽其用。

23　左与右

由于平素主要起居活动都集中在公共区域，卧室的陈设布置于是尽量简单：一张椅、一张床、两只床头柜，柜上几件常用物件，便已大多足够。

有回朋友来家，照例屋内四处导览一番。来到此处……

友："依我看，怡兰睡左边，怡兰老公睡右边对吗？"

我们："啊，你怎么知道？"

友："很容易啊！左边床头摆的是书，右边是布偶，一目了然哩……"

真厉害，全让你说中了呐！

24　怕光

　　前文曾说，我比一般人要怕亮怕光。特别是卧房，因长年睡眠不稳，对各种电子设备上闪烁刺目的红绿黄蓝亮点都极敏感，定得想方设法避掉，一个"点"都不许有。即连床畔电源开关上的显示小灯也商请工队将内部线路拔除，务必使全室柔和黝黯，安心一觉到天亮。

25　储、藏

　　利用梁柱与机电设备之间的畸零区域，高明辟出的两个小小储藏空间，一当衣柜、一为贮藏室，面积虽迷你，却是家中不可或缺的主力收纳地。

　　特别是衣柜，深度虽狭，但仍保有几分步入式衣柜般的宽裕感，对从来不爱新衣、懒怠打扮的我来说，已然舒服足够。

　　然而每有女客来家，拉开柜门，总会引发一连串如某啤酒广告般的惊呼——只不过惊叹主题刚好相反："天啊……这怎么够放？！""你的衣服原来真的都没有颜色！这是什么样的无聊人生呐？"

26　瓶瓶罐罐

　　全面改用手工皂洗头洗澡洗脸已有一年以上时间。会有这样的改变，主要是从看待食物的态度延伸过来，对于市面上洗浴用品简直天书一样的复杂成分标示越来越困惑不耐。刚好居家全面改造后，淋浴处终于有了妥适的置物架，就这么自自然然开始使用。

　　果然洗得自在安心。影响所及，也连带扩及其余保养品，想着是否能跟着一次换掉。这当口，突然忆起过往工作上结识的油品工作者，不少都曾提过天然纯净食用油其实也是优质护肤品……

　　说得也是。从来家里最不缺的就是这个，当下立刻从厨房里分装出几种尝试看看。

　　结果出乎意料地合用：本地产苦茶油、有机椰子油、特级初榨橄榄油……我用它们来润肤、润发、卸妆。到现在，除了防晒乳和化妆水外，日常保养悉数都以这几款油品取代。

　　由于纯度高，只消少少几滴便颇润泽。而用法与步骤的随之简化，更让向来在这方面极懒散没概念且粗枝大叶的我分外如鱼得水。

　　且不知是否对成分的充分了解信赖所引发的心理作用，总觉得皮肤比以往更安定，特别是长年以来始终很困扰的、每回卸妆后脸部总要发痒不舒服个几天的症状，竟然完全消失了，惊喜不已。（只可惜

并没有因此让我稍微不那么讨厌化妆就是了……）

最重要的是，从这返璞归真的过程中，再次感受领会到简单生活之乐、之境。

——略不适应只有两处：一是原已疏落的层架这会儿明显更加空荡，还得另添些植物或摆饰装点一下。

二来则是，每次洗脸洗澡后都好饿……用椰子油时很馋南洋甜点，橄榄油则好想烤片面包来蘸，至于苦茶油，更是恨不能直接奔去厨房开锅下面线了！

27　沐浴小风景

　　如前所述，浴室里少了瓶瓶罐罐后，不想随意填塞无谓的装饰品，决定以用得上且好看的沐浴用具取代。试了几种样子才终于定案：盆栽、皂碟、海绵、泡澡的粗盐，简单清爽，日日盥沐之际瞥见，都觉舒心。

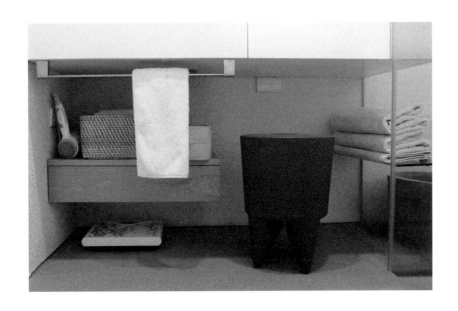

28　洗脸台下

　　浴室小小，置物空间之如何规划相对重要。为不使洗脸台体积太大太压迫，也留下足够伸腿坐下的余地，遂不设橱柜，改以层架和抽屉方式处理；并搭配藤编与布质方篮，大小毛巾和贴身衣物都有了安放的地方。

　　日日都要用到的吹风机也放在这里——早年，我们原本也按照当时颇为盛行的做法，在抽屉中装插座以放置吹风机；但却渐渐发现，不仅时日一长电线很容易扭曲缠绕，也影响其他物品的收纳。

　　这回参考某些度假旅馆的方法，直接安排在洗脸台下，果然抽取使用都顺手方便。

29　暂放

也是从日本旅馆里学来的点子，在马桶旁卷筒卫生纸架上钉一片小巧置物层板，如厕之际，诸如书、手机、卫生用品等小物都可随手暂放在此，非常便利。

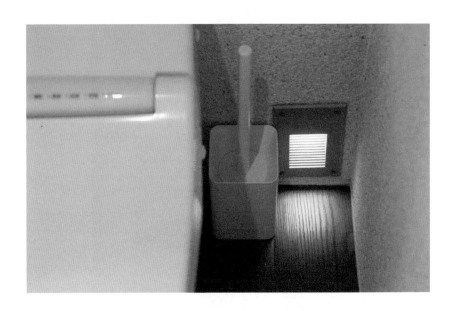

30 微夜光

　　习惯将屋里关得遮得一片漆黑睡觉，却担心夜里起身如厕不辨方向，遂在马桶旁近地板处安装夜灯一盏，就寝前打开，幽幽绽放微光。

31 一间多用

　　全宅动线之最末端——我们的洗衣房兼客用洗手间。是的，一直以来，我始终不爱在阳台上晾衣，总觉得北部多雨潮湿，除非盛暑或直接日下曝晒，否则无法真正干爽。还不如晾在室内通风处并偶尔搭配使用除湿机的干衣功能，效果更好。

　　所以，一如以往，同样留出洗衣晾衣空间，同时兼作客用洗手间、猫厕以及相关打扫洗涤用具的存放之所。晾衣杆旁还挂了细竹帘，万一临时有客来收衣不及便可稍事遮挡。

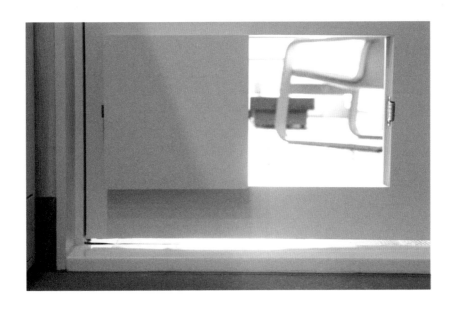

32　猫道

通往客用洗手间与主卧房门下，各有小门一方。

这是猫门。早在规划之初就提出的需求，希望能为猫咪小米打造可开可合的专有开口，以方便它进出。结果静敏给了一个很棒的设计，简简单单的木工，两边以磁铁吸扣，开与关都颇牢固稳当。

无奈世事难料，已然高龄十八的小米终究没撑过来，在完工迁回前不幸撒手离世。徒留寂寞猫门两扇。虽意外发现可作为弹性通风之用，然每每望见，却还是难免感伤。

过程

改造日记，从原点到圆满

从痛快做梦，
到一点一滴勾勒成形……
追求合心合用的一些记录。

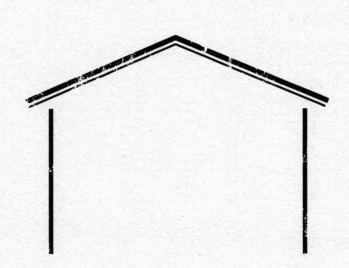

2013 年

1 月 17 日————————

　　首版设计图纸与模型正式出炉！终于确定将就此往前迈进，大刀阔斧重头整顿，迎向全新的展开。

　　这是接下来的重要功课，可得全心全力认真专注投入，打造一个得能呼应此时此刻生活样貌与愿望的家，当然，还有合心合意合用的厨房！

2 月 3 日————————

　　重新整修家里，厨房毫无疑问是此中最重点之一，遂开始兴致勃勃四处看起厨具……

　　只能说，果然唯有此际，是可以尽情幻想、痛快做梦的时刻呐！（咳，那个价目表麻烦请晚点再拿给我……）

2月27日────────

　　梦想中的厨房，点滴勾勒中。

　　这次，立下坚定志愿：定要彻底实现我已经恋慕向往多年，合炉台、水槽、收纳与料理空间于一体的理想中岛形式。

　　只不过，预算仍是最大压力。几星期来反反复复左右为难，增增删删颇费周章。圆梦固美，代价果然沉重呐！

3月1日────────

　　从静敏设计师那儿回来。今日首度选看了未来可能采用的地板、墙壁、橱柜材料。以眼细看、以手抚触、从心模拟想象……于是，原本仍觉遥远的新家形貌，似乎近了几分。

3 月 29 日————————

　　立面图陆陆续续来到，居家未来风貌一点一滴渐渐完整。这其中，颇值得玩味的是，比之现在，厨房与书柜明显变大，衣柜和其他置物柜大幅缩水，某种程度反映了我所望所欲的真实生活面貌。

　　接下来，得更加力行简单无欲生活才行——当然，食欲与阅读欲除外！

4 月 6 日————————

　　开始着手整理打包、以待月底开工整修前的暂时搬家。看来，将会是一场万般艰难的断舍离修行过程。

4 月 13 日────────

　　打包作业持续进行中。咬牙切齿志之：日后，若我胆敢再买建筑作品集或画册，就剁手指！

4 月 14 日────────

　　整理进度推展至早年的藏书，这时期主要以纯文学著作为主，台湾作家尤多。

　　追昔抚今，这些作家们，有的至今仍笔耕不辍、作品持续发光，有的则已多年未见踪迹，有的转写美食或旅行（笑），有的则因缘际会相识、甚至成为好友……

　　无论如何，每一位每一本，都曾涵泳、丰富了我的年少时光，此刻深深感谢！

4 月 15 日————————

　　话说这边厢，我在书堆里为该留谁去谁伤透脑筋；那头，另一半也正困在同样陪伴多年的伙伴间左右犹疑难分难舍中……

4 月 17 日————————

　　于是，准备开始告别这座屡屡在我的书里文章里现身的杯子柜，以及上头的杯子和其他盘碗茶具酒具餐具们……

4 月 18 日————————

清理书桌区时的最大感想——嗯，若纯以数量而言，我的铅笔、笔记本和便条纸，应该足够用到下两辈子都不虞匮乏吧！

4 月 19 日————————

终于悉数理完。为方便处理，遂把确定脱手的书依旧集中归架。颇惊讶的是，竟然整座主书柜还塞不下，一路满溢到地上，可以想见原本"灾情"之惨重……然后书柜前，夫妻两人有了以下对话：

我："（叹气）唉，这割舍掉的，本本都是回忆呐……"

另一半："（更用力叹气）喷，你只看到回忆，我看到的可是钱呀！买了这么多书，花了有没有上百万啊？"

我："……"（偷偷溜走）

4月20日————————

与书诀别三部曲：

1.公司同事来家优先抢购。

2.二手书店接手一顿搬走。

3.徒留空荡荡书柜数座……往事只待成追忆，此时此刻已惘然。

4月23日————————

搬家日。几个小时内一顿搬完，有些怅惘的是，已然居住十七年的家，在物件一空后，曾有的生活痕迹仿佛也跟着渐渐消褪……

深深感念曾经的一切。当年，怀着巨大的梦想，我们在此点滴建立、执着追求心目中所渴想的一切有关生活的美好。而今，随年岁增长，对家对生活的冀望也更往前迈步……

所以，就此抛开留恋，辞

别过往，从头再来，迎向新的里程吧！

　　——然后，实在忍不住想哀怨一下：太久没搬家，真是一整个出乎意料的累死人……想到数月后整修完成还要再搬一次，着实战栗……

4月24日————

　　临时租住处的第一杯锅煮奶茶。

　　不熟悉的厨房，加之杯子茶叶们也大多还未开箱取出，因此难免有点儿手忙脚乱磕磕碰碰。

　　但茶香奶香依然让人迅速安顿——嗯，虽只是暂栖，这几月仍旧要好好努力认真生活才行！

4 月 25 日

开工前夕，等候多时的工程报价终于出炉。虽说多少有些心理准备，超支幅度却还是让人大吓一跳。

（话说，报价单寄来当口，我们夫妻俩正在餐厅里准备点菜吃饭。另一半打开手机信箱一看，当堂惊极反笑："别点了，马上走人，从现在起只能喝西北风……"）

赶紧来到静敏设计师处，摊开表单，取来各类建材样本，开始一连串裁减动作。现阶段期望是，尽量不删功能设备，保留大方向的美感需求，全力朝材质等级与精细度下修。

过程虽颇多遗憾不舍，但奇妙的是，有些项目在降级或找出新的、较低廉的设计解决和施工方式后，反而似是更符合我向来喜好的、较朴素无华的风格走向。

一阵来回拉锯，目前正等待新的报价。嗯，是能就此止血，还是得继续下杀？让我们继续看下去……

4月26日————————

搬家后连日四处奔忙，这会儿终于可以在家埋首赶些静态工作，自煮自食。

于是简单做了家常酸辣干拌面，陌生厨房里还仍捉摸不出习惯的工序与动线，调味料也不齐（咦，麻油究竟放哪箱去了？），且还忍不住时时分心开始整理归架起来……好在依旧是熟悉滋味。所谓日常生活感，应该就会这么慢慢回来吧！

4月27日————————

网友问我："搬家后，最先安顿下来的是什么？"

真是个好问题！认真回想了一下，结果发现：不是杯具茶具锅具餐具，不是茶叶食材调味料葡萄酒威士忌……而是，工作区。

人和东西一到，马上网络接好、电脑插好、各种相关设备数据书籍文具通通落定，开机确认可以继续工作无碍，并顺道回过同事的留言和信件，才安心打点其他物件去。

可惜一点也不浪漫的答案，不过，很实际。

4 月 28 日

　　暂居处的餐具柜大致安置妥当。有些无奈的是，明明搬家前已将既有杯具茶具餐具们舍了大半；然而现有厨房收纳空间太有限，只好再做一次筛选：在尚可维持基本日常生活质量前提下，仅拣出确实用得到的物品，其余封回箱中库藏。

　　——结果，竟然就只需要这样而已，两小柜还装不满。

　　果然再次印证我的向来感发："人所真正需要的，其实比所拥有的少太多了！"

4 月 29 日————————

　　终于要开工了！做了简单仪式。案前燃香祝祷，祈愿：工程顺顺利利，一切平安。梦想新家在望。

5 月 4 日————————

　　果然，暂居处整理工作进行到茶叶部分，这才发现，和杯盘碗碟柜的一片爽净大相径庭，一番自觉已甚严格地反复考虑挑挑拣拣后，竟仍旧热闹塞满了一橱柜……

　　看来，随年岁增长，物欲虽渐淡去，饮食之欲，却还是勘不破看不开呐！

5 月 14 日————————

第一阶段拆除工程告一段落，既有隔墙木工地板天花悉数一空，回到赤条条光裸裸原初本来模样。过去种种自此正式归零，这下，就真的是全新的开始了！

6 月 1 日————————

泥瓦工程大致告一段落。几座主要隔间砖墙砌起后，似乎已经可以些许窥见，未来样貌。

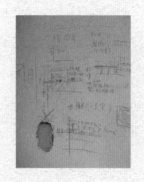

7 月 6 日————————

　　管线工程大致完成。现在，
从入门处往整个公共区域看，
已经可以稍微感受到梦想多年
的、以一整座功能完整的中岛
（正中央一整排管线集中处即
是）为厨房核心，不，甚至可
说是生活核心的未来居家样貌。

　　遂而，虽距完工时间还早
得很，却还是忍不住一点一点
地开始雀跃起来。

7 月 7 日————————

　　工地墙面一景。是关于各
区域地板施工方式的描述，好
有意思。让我不禁有点儿疯狂
地开始考虑，要不要干脆就此
留下它……

7月8日 ————————

全中岛式厨房外，这回居家改造计划必实现的愿望之一，还有和浴室隔开、独立的如厕空间。此刻，隔间与管线大致落定。虽只是小小方寸空间，然已觉十分欢喜足够。接下来，就等也是想了好多年的冲洗式马桶进驻了！

7月13日 ————————

台风来袭。暴风吹了一夜，醒来张望，见街况一片凌乱，不由担心起工地的状况，于是赶紧回去看看。

好在工队细心，从门到窗悉数钉了个严严实实，脚手架上的布棚也都拆除以防掉落。果然安稳度过。

近来因种种缘故，工期略有延宕。但愿，风过雨过后，一路顺遂平安。

7 月 18 日————

　　选木地板。嗯……
哪一块好呢?

8 月 10 日————————

　　未来,书桌旁的这扇窗,毫无疑问应将会是一整日里陪伴我最久的窗。

　　这回,几乎每面窗都经过细细思量,位置大小虽无法挪移更动,然窗格比例都审慎再三考虑。特别是这扇,还经历过一次重新修改:装上后突然觉得原本的从中等分一切为二太呆板僵硬,尤其从未来座椅方位转头望,中线窗框和左边大楼群景纠缠不清很是碍眼……当下立刻忍痛决定拆下重来。

　　——我想,居家整修就是如此,每一细节的反反复复琢琢磨磨,都是过程里既苦又甜千金难换的珍贵经历与体验吧!

8月12日 ————

傍晚，摄于仍在施工中的家。算算，还要等好久，才能回到这窗畔呢……

8月17日 ————

今天，在我的PEKOE杂货铺里，举办了生平第一场跳蚤市集。

先前的淘汰舍离过程中，由于常随笔在微博等社交软件上报告搬家进度，一时引来众多读者们好奇询问：舍掉的物件，特别是我的杯盘碗碟们究竟何去何从？

于是就这么渐渐酝酿出，也许简单办一场市集，将这些曾经珍爱相伴过、但现在未来已然无法负荷留存的旧时物，全数公开托付给能爱能惜能够宝用的同好。

因此，整理之际便开始留心，状态不佳的当然送回收，可捐出的则转赠慈善团体，其余还精美可用的便审慎分类打包另外储放。

之后，等搬家工作全数落定，得空和PEKOE同事一起清点数算，近三百件之谱。

果然，将对象拍照公开后，网络上回响空前热烈，短短时间内便累积上千赞数、数百留言，让我们倍受鼓舞，立即着手筹备：自己的东西之外，还添上一些PEKOE库存样品残次品，准备了啤酒果汁冷泡茶。唯恐现场人潮拥挤，更细细沙盘推演多次，谨慎定下分批编号入场、每人限购件数等规则……

就这样，一场小小温馨夏日跳蚤市集派对就此展开。

结果是好生热闹的一天呐！一早七点多已有人在门前守候，十点整开始发放号码牌，不到10分钟120张全数发完，抢手非常。

　　正式开张前，缓步穿行于已经悉数摆置停当的对象间，告别在即，一件件摩挲详看，依依离情刹那涌现……这些杯盘碗碟刀叉工具家饰文具以至旅游纪念品，许多都曾在我的过往生活里刻下深深的轨迹：

　　比方为数虽不算多却格外醒目的色彩斑斓的手绘杯盘碟——"曾经在澳洲，我短暂地疗愈了，我的恐色症。"还记得十数年前，首度澳洲行旅后，我写下了这样一篇文字。

　　那回，兴高采烈地带回了许多件，原本一任白棕蓝灰黑的餐具柜瞬间缤纷了起来。只可惜江山易改、痼疾已深的我，到头来最常用还是原本偏爱的白棕蓝灰黑……嗯，接下来到了新家，应该可以再不被辜负、重新发光了吧！

　　比方，我的摩卡咖啡壶们："不喝咖啡，但我煮咖啡。"第一本书《幸福杂货铺》里我如是宣称。于是收藏了好多形貌各异的摩卡咖啡壶。

　　到现在，以为早已深埋的瘾头终究逆袭，我又重回咖啡怀抱，日日饮用、爱不能释。然而冲煮方式器具却反而一任简单下来，自然得一一另

找安顿。

还有，各式各样于旅行中随手买回带回的纪念物……生活里用不上，只能纯当摆饰，渐渐数量多了，形成居家空间的沉重负载，遂也一次放手出去；每一件，都是一趟美好旅程回忆，谁，会是这回忆的下一个主人呢？

十一点，店铺门开，满满人潮一波波涌入，短短时间内，所有物品几乎全有了归属。

而整场活动里最让我感动感谢难忘的，是和现场读者的种种交流：一直不断有人体贴关心我，会不会舍不得、会不会难过？时时总有人拾起一件东西，问我和它有什么样的故事和因缘？有人指点历历这个杯子这只茶壶曾出现在哪本书的什么位置，还有人喜滋滋告诉我他有多么喜欢、打算怎么使用……

不，我不再犹豫难舍了！这天，是一次太棒的告别点，把这些这些故事连同所有曾经钟情曾经爱用过的有形对象交托有缘人后，我可以自此怀抱着因之而生的更多无形的温暖与联结，开心安心往前走去。

写作十数年，我再次深切感受到，和大伙儿一路相伴走来所点滴累积的这一切，是多么的美丽。

然后，接着而来的新家、新生活、新的心情，又将是另番新局吧！

8 月 26 日——————

地暖！地暖！地暖！渴盼多年的居住大梦之一，终于正式在我家落脚。

今年，应该会有一个温暖的冬天吧！

8 月 27 日————

地砖铺设完成。素素净净的灰，是我喜欢的样子和颜色。

9 月 10 日————

梦寐多年、无论如何都想任性拥有的另一居家大梦——壁炉，在本周堂堂货到！

这个冬天，看来应该是一整个暖过头了！

9 月 28 日————

第一座主书柜现形。书们大家，应该都会很开心才是。

10 月 25 日——

厨房尚未安装，中岛上的吊架已先进驻。未来，会挂上哪些锅杯铲匙工具呢？

10 月 30 日——

进入油漆工程，未来轮廓逐步浮现。终于，开始有一点看到尽头的感觉了……

11 月 14 日——

第二阶段地暖施工，主要是木地板下的铺设工程。

只不知，寒冬的脚步可不可以更慢些……等我搬回去后再冷起来？

11 月 15 日————————

　　开始选灯具：吊灯、壁灯、立灯、床头灯……各品牌目录翻了又翻，也去了各家展场细细详看，功能、材质、美感、搭配性……反复思量。

　　然后觉得，还是越简单的越耐看呢！

11 月 19 日————————

　　木地板铺设完成——先前禁不住诱惑，发狠咬牙选了价格略高的宽版规格，此刻看来，果然大气！

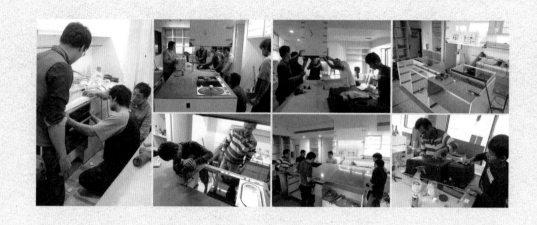

11 月 21 日————————————————

　　终于开始安装厨房。工程团队忙了一整天，组装厨具柜体、铺设并切割人造石台面、嵌入水槽炉具电器……未来新家的最重要主题与核心，就这么一点一点浮现然后成形。

11 月 22 日————————

几近完工的浴室。是我多年来无数旅馆体验下来，觉得最舒适也最渴望拥有的格局配置。啊～好想快快在这儿舒服泡个澡呐！

11 月 24 日————————

静敏的作品总是有些令人惊艳的细致处。比方衣柜与晾衣间里的金属吊杆，一律巧妙做成略扁平的方形长条状。小小空间里显得格外优雅轻盈。

11 月 27 日————

瓦斯壁炉安装完成！寒流提早来袭的此刻，真是一点也等不及搬家，今晚就想抱着棉被直冲旁边睡了呐！

11 月 28 日————

不知是否因着开始规划之初正逢深冬（吓，这意味着，从启动到现在竟然已经一年了？！），新家里取暖设备特别多……

——电热毛巾架，同是国外旅行时深深恋上之物，此刻终于完成安装。

嗯，壁炉、地暖、暖风机再加上此物，难怪朋友取笑："你们夫妻俩是住在北极吗？"

11 月 30 日————

　　窗帘。一贯坚持的极简原则，选的是最单纯的白色卷帘。朴素静净，是我喜欢的感觉。

　　卧室安装了透光与不透光两层。起居室、餐厅与书房等开放区域则只用透光材质，遮阳不遮光，依然明亮。隔帘看去，窗外景致影影绰绰依稀可辨，自成趣味。

12 月 1 日————

　　琐碎收尾与既有赶稿和工作夹缝里，开始陆陆续续打包准备搬回。

　　相较于数月前的搬出，由于暂居在外刻意一切从简，仅取出绝对必要的物品使用（因此寥寥几个杯盘碗碟全都用腻看腻了……），无疑轻松许多。

　　然而可以想见的是，搬回后的拆箱归位布置，可绝对是大工程了……

12 月 4 日 ————

　玄关鞋柜下方的透气设计，好贴心。

12 月 5 日 ————

　赶在搬家前，特别定做的沙发堂堂送到！

12 月 6 日 ————

　搬家前日傍晚。虽说还有些细节收尾仍未就绪，但已可算大致竣工，且先欢欢喜喜搬回，其余等待进住后陆续完成。

12 月 7 日 ——————

　　暌违七个多月，终于搬回来了！

　　只不过看这满坑满谷的态势，接下来又将是另一阶段的全新挑战……

12 月 8 日 ——————

　　新居整理千头万绪，虽说工具碗盘大多未及拆箱，冰箱里也没什么材料，却还是勉力清出部分中岛位置，略有些艰难地开始煮晚餐：一碗色拉、一盘冷肉、两碟橄榄油、一棍面包。清清爽爽简简单单，佐几杯白酒，以及久违了的夜景，良宵静静，舒坦解疲。

　　——嗯，未来此中生活，应该也将如是一点一滴、慢慢成形吧！

12 月 11 日————————

　　今日夜酒，一荧炉火相佐……

　　话说，究竟是因了酒而格外眷恋着壁炉，还是因壁炉而更加沉迷于酒——酒香里火光中，这其中先后因果关系，叫人着实想也想不透……

12 月 12 日————————

　　终于把 4 月搬出时打包库藏的较不常用餐具全数拆箱完毕。多月没见，好想念你们呐！

　　嗯，这会儿，该怎么归架好呢？

12 月 20 日

藏书大致上架完毕。于是书柜前，和另一半又有了以下对话：

我："终于都上架了！好满足啊！"

另一半："照我看，感觉满足的最大原因，应该不是都整理完了，而是还有很多空位，未来可以痛快继续买吧？"

我："……"（再度心虚溜走）

对话

需求所在，生活感之所在

房主 VS. 设计师：
叶怡兰、李静敏对谈

主持／记录：韩嵩龄

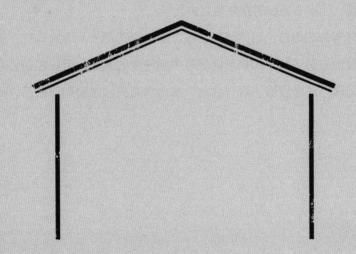

在编辑《家的模样》这本书之初，我跟怡兰伉俪开过几次会，参观他们的家，思考着，对于像怡兰这样，有着深厚底蕴与累积的作者，她的第一本讲述关于居家设计的书籍，该用何种角度切入，以何种视角呈现给读者？这是身为编辑在编书之前，必须深刻思考的课题。

家，是两个或两个以上的个体，共同生活的总和，我认识怡兰夫妇很长的时间，怡兰是生活的梦想家，另一半则是计划的执行者，从他们的家，看得出这对生活上的夫妻、志趣上的同好、事业上的伙伴，在每一个生活的细节上互补的痕迹。

当我们聊到，该如何让我快速地理解这段长达一年的居家改造过程，他俩建议，或许可以让我一览他们与设计师李静敏及其团队的电子邮件往来记录，或许我可从中略窥一二。怡兰进一步加码提出，亦可规划一场她与静敏——房主与设计师的对谈，透过不同角度与专业的交流，让本书呈现的视角更为多元。

非常棒的想法！这的确是从概念到成形的第一手原始素材，虽然以我对怡兰的了解，约略可以想象中间往来的繁复，但在收到传来的整理记录，还是震惊了好一会儿，从出水龙头加装瞬间加热器，网线与电线的位置数量，到冰箱深度与橱柜的关系等等。以小见大，这看似极度吹毛求疵的需求列表，却再再显示了这对夫妻对于生活的精雕细琢。

我不禁感叹，需求之所在，正是怡兰那令人称羡"生活感"的由来啊！

——韩嵩龄

把生活过好

嵩龄：容我先跟静敏解释一下这场对谈主题的由来——当我收到这份电子邮件记录，从一开始的接触拜访，到后续的改造执行沟通，最让我感到与一般居家设计案不同的地方在于，怡兰伉俪对于他们的家，列出非常庞大的、细节的需求，我在想着，一般设计师碰到的房主，应该不会像他们这样吧，或者换个角度思考，当一位设计师，碰到同样在美学有独到学养与观点的房主，从设计作品的角度来说，是好是坏？

静敏：正是因为这些需求，我们设计师才有办法做出所谓的"作品"，否则这个设计会很空虚，不会带来感动。举个例子，因为最近常常接触"职人"，我发现他们通常都会有一个极为强烈的创作需求，就是把简单的事物一件件按部就班地做好，若是我们把怡兰当作职人看，她的需求就是认真地把生活过好。

对一个空间，尤其是私人住宅案例，设计师扮演的角色，应该是一个专业的媒介，房主通过我们去完成一项设计，势必会有一些因为各种主客观因素所产生的前提，也因此我觉得每一个案子应该都是一个新开始，不会回头看过往的经验，要完全放空，去听、花很长的时间去沟通，在过程中作品就会慢慢地成型。我曾有过本身就是建筑师、设计师的客户，也有房主曾在学生时代念过建筑，他们对设计都很懂，从这个角度来看，当你碰到越专业的房主，其实是越好发挥的。

嵩龄：可以谈一下你初见怡兰的家，对于未来设计方向的想象？

静敏：我记得第一次来看这个房子的时候，第一眼看到的是非常好的景，却被空间的格局所切割了，就像是有一个很凸显的优点却没有被发挥，既然房子有很棒的景观，如何让景与室内可以结合，让景色与住在这里的人能够互动，我只是针对这点做了一个大胆的调整。如果你觉得有景观这件事是好的，就应该把这项优点不断放大，甚至把这项元素无所不在地融入所有空间里面。

关于设计里的细节，我倒觉得就是顺应需求去创作，这里要什么那里要什么，但若是没有把空间的大原则确定好，看不到创意的发挥却只注重需求上的细节，其实蛮可惜的。

空间的破题

怡兰： 静敏说凸显空间的优点，这是我最佩服他的部分，我之前在室内设计领域工作的时候，将设计师定义空间的行为称为"空间的破题"。我发现不是每个设计师都有这样的功力，能够第一眼就找出空间的优点，有建筑背景的设计师比较擅长，当他进入一个基地，马上就可以用格局把基地的优点完全展现出来，并以此为主轴设计出生活的动线与秩序。

我记得第一次看静敏的书，还没看文字内容，光从每一张不同案例的照片，就能感受到他破题的能力。基本上每位设计师破题的重点都不太一样，静敏的破题大部分跟光、自然、窗户有关，重点在于室内与外在环境的呼应，就是在这点上，静敏的作品深深地吸引我。

果然，静敏提出的设计也真是大刀阔斧、一刀两断，把我们的空间与风景之间的关系，借由公、私空间的区隔，一下子就表现出来了。我觉得那是一个房子的气，或是一位设计者创作者的气，一旦主轴落定、气势形成，很多事情就对了。

嵩龄：所以怡兰你当初是因为喜欢静敏的作品而找上他，沟通的时候提出很多需求，但你其实没有去想象一个未来可能的格局，是吗？

怡兰：没错，但我也不知道自己有没有真的做到（笑）。我早年待过空间设计杂志，一直以来的工作也都会跟许多设计者合作，不论是书籍、杂志、商品包装的设计，多年来我养成了一个习惯，相信术业有专攻，只会提供从自身专业出发的建议，其他的就放手让设计者去发挥。

在跟静敏合作的过程中，提供的建议大致是我跟另一半在这里生活了十七年来的一些心得，因为住得够久，所以我们对于这房子的任何细节都了如指掌，例如哪个角落每年的 11 月到来年 3 月会晒进大量的阳光、哪个角落冬天会非常的冷。但像是客厅该在哪个位置、书房该落在何处这类的问题我跟另一半都会尽量避免说出口。

另外我会提供给设计师的"需求"，是我跟生活之间的关系，譬如说我平常做菜的方式，使用几个炉台，平常都是以坐姿洗澡，睡觉的空间一点光都不能有，我有"恐色症"，只喜欢自然材质的颜色，等等。或是在我跟另一半的相处细节上，例如因两人工作性质的差异，彼此的工作桌相距越远越好。到最后呈现出来的设计会发现，静敏真的非常厉害，我俩的工作区，就真的是这个家从这边到那边最远的距离。

常年来的经验发现，当你找到杰出的设计者合作，他会用设计的方法回应我的所有需求，不是只有美而已，一旦我们不喜欢某个设计，也通常是无法满足我们的某项需求，就好像是设计师与房主的对话一般，非常有趣。

嵩龄：静敏，帮怡兰这样的房主设计家，有没有像是在回答申论题的感觉？

静敏：我觉得从反向思考来看，就是因为房主提出了这些需求，设计师才有办法下手，不然出来的会是个很空虚的设计，没办法感动人。各行业的职人通常是不断地做一件简单的事，背后会有强大的需求，并去解决每一个细节与环节。所以职人的作品通常很简单，但却很有力量。

照我的经验，就算房主没提出需求，我也会找机会追问，要想办法多约见面几次，每次问几个问题，慢慢旁敲侧击出房主的需求，这样做出来的案子，才不会跟房主的需求相距太远。

梭罗：装修房子前，先装修你的心灵

嵩龄：所以怡兰夫妇是那种对于自己生活细节全面掌控的房主？

静敏：你讲到了重点，如果一个人对自己的生活细节，都亲力亲为地自己去操作，应该都会很清楚自己要的是什么。有些人太忙碌，很多事情是交代别人去做，连吃饭都有人打理，但我觉得做私人住宅的设计，房主应该通过对未来生活的渴望，把人生重新做一次整理，否则就算房子装修好，在里面生活也会状况百出。

我讲的不是整理物品，而是整理心情，因为你要迎接一个新的房子、一种新的生活方式，借由房子重新面对一次生活，就像从一个学校毕业进入另一所学校一样，期待生活开始有改变。梭罗曾经说过，"装修房子之前，先装修你的心灵"，如果不这样，装修房子有可能只是把生活再扰乱一次。

嵩龄：我发现怡兰为了新家也牺牲不少，丢掉了很多书，还立下规矩要节制家中收纳藏书的数量，甚至办了跳蚤市集出清旧收藏？

怡兰：这次的改造对我来说就是人生大整理。对我们来说，要把住了十七年的房子全宅装修，付出是非常巨大的，不是只有钱的问题，我们得搬出去一段时间，回来之后又得适应全新的空间与生活方式。其实在很多年前，我们就想要这么做了，会做这样的决定是因为，渐渐发现生活的方式已经朝某一个方向前进，但我的家却没办法跟上。四十岁以后，我对人生未来的愿望与想法越来越有定见，就更需要一个空间可以把想望具体地实践出来。

我们丢掉的不只有书，还丢了很多东西，像是市集里数百件跟我们多年的器物，还有一些捐掉的东西。但当你全部整理过之后，人生盘整出一个新的场域，是按照自己的想法所打造出来。经过这一年来生活其中，我们的生活的确进入了一个全新的样貌，而且牢牢地生根落定了。

嵩龄：怡兰有没有想过，不需要如此大费周章地砍掉重装，沿用原本的设计换新硬件就好？

怡兰：有想过做局部整修，但就算整修完，应该也达不到我所憧憬的生活。其实家是这样，我觉得要到一定的年纪之后，你的生活构型才会渐渐清楚，现在觉得住了十七年之后再翻修是一个很好的时机；其实说不定是在第十年的时候我就开始想着要翻修的事，但就是因为岁月的不断累积，现在的这个家，才会长成如此样貌。比方说，如果早五年，应该就不会有这么大的厨房，那时的我应该还没有足够的勇气与信心，现在看来，时间会让很多事水到渠成。

就像我常常说的一句话："居家是生活的容器。"家会决定你生活的样貌、节奏、内容，如果你有能力去做一个好的容器，生活的样貌会因此产生巨大的改变，就像对我来说，泡茶多一支滤茶勺，整个喝茶的气氛就不一样了，当然你也可以买有滤网的茶壶，省掉麻烦，但透过一勺一勺地过滤，整件事就会不一样。

我们家完工之后，另一半一直觉得要赶快请朋友来玩，之后就要"闭关"不让人来，因为他怕之后随着东西越来越多，就会开始乱——

我以前总觉得是我不会整理，后来才发现第一次做装修的时候太年轻，所有柜子陈设与物品的摆放方式没有正确的逻辑，收纳就会很累，累了就不想做。但一则是因为我们已经清掉了不少东西，所以少了许多收纳的问题；再者在这个新家里，我会很自然而然地一直把东西归位，因为所有的对象收纳已经按照我的习惯设计好了，每天早上起来的第一件事，就是很自然地把没收好的东西归定位，好像生活秩序无形中就建立起来了。

小空间中的以小见大

嵩龄：我曾经跟怡兰夫妇聊过关于空间大与小的问题，他们一开始认为现有住家的空间是不够大的，曾经也动念想换大一点的空间，但一则对于现在的家，面对河堤的景观无法割舍，再者房价着实太贵，所以必须通过取舍与设计来改造现有的居家，想请问静敏，对小空间的营造，尤其是怡兰的家，你的设计重点是什么？

静敏： 空间的大与小对我而言其实并没有差别，有时候我也会做些规模很小的案子，像最近就正在规划一个公共空间附属的茶室，小空间的重点在"以小见大"，把空间划分成很多角落，做到协调比例，再一个一个串起来。像怡兰的家，我就会把窗外开阔无限的景观纳进来，如此一来，在家感受到的是外面的天地，自然不会觉得很小。

嵩龄： 以小见大的意思，是在小空间里面找到大空间的存在？

静敏： 对，没有错！大与小是该结合在一起的，小空间应该要有很多层次，反过来说，大空间最怕的就是大而无当，我举东西方的庭园设计作为例子，西式庭园就是以大空间的几何排列取胜，一览无遗的震撼；但苏州园林即便总面积很大，但透过墙、山水、植物，借由转折与层次让空间变小。中式园林的技法倒过来，就是由大见小。

像我们现在坐在怡兰家的客厅，这个空间以台湾的标准而言算小，即便是在日本，也算小空间，但我们坐了五个人，应该没有拥挤的感觉吧？我不用墙做隔间，而是通过地板的高低落差来界定空间的使用功能。跟中式园林一样，层层叠叠，但你的视野感受却是大的。

嵩龄：会不会是传统的观念，让空间的概念受到很多限制？例如说客厅一定要 3 + 2 + 1 的沙发？

静敏：是的，一旦如此，空间就没办法做挪移，原本不大的空间，用隔间墙就会让空间变得更小，怡兰的家跟中式园林的原理一样，每个空间像是客厅、餐厅可以拆开来看，也可以混搭串联起来，再加上不同空间地板高低差的区隔，有了这些层次就能让空间的视觉感变大，这是一种手法。

怡兰：的确，前阵子有 9 位客人来我们家吃饭的时候，就深刻地感觉到层次的必要，有些人可以轻松地坐在餐桌前或站在中岛区聊天，其他的人在客厅看电视听音乐，但两边的人互相交流又没有任何隔阂，大家可以各安其位丝毫不觉拥挤。

魔术方块般的中岛厨房

嵩龄：但不论是谁来你家，应该很难不被中岛厨房的尺寸所震撼吧！

静敏：从比例上看，算是一个极致，等于是把空间中最好看及最好用的位置都留给厨房。

怡兰：对，我知道在不到 100 m² 的房子里，出现一座 200 m² 的房子都不见得有的厨房，的确是一种很激烈的行为（笑），之前包工头甚至打从心底认定这里未来一定会是厨艺教室。

静敏：如果你仔细看怡兰的中岛厨房会发现个有趣的地方，这座中岛是没有方向性的，大部分的厨房都有个方向性，正面或背面。因为我们把中岛的深度加大到 120 cm，一般都是 90 cm，围绕着中岛的就是动线，四个方向都可以让使用者各得其所地去操作。这座中岛就像是魔术方块，每一面都可以发挥功能，空间里的人自然而然就会围着中岛聚拢起来。

怡兰：会把中岛加到这么大，其实有两个原因。首先是我们到静敏家拜访过，一看到他家厨房的尺寸就回不去了（笑）；第二个原因比较功能性，因为中岛若要做正反两面都有抽屉，两边就各得有 60 cm，这样才可以有两倍的储存空间。经过这一段时间的使用，发现中岛不只是厨具的功能，还兼当我们的工作台，有信件包裹我们会在上面拆，甚至在上面整理杂物，就像很多人会买一张大餐桌兼当工作桌。

静敏：怡兰家的厨房可以做到这么极致，关键在于动线，一般三室两厅的房子，很多动线就只能当走道，但在这里你并不会觉得动线占据了空间，看不到动线的存在就自然会觉得大。

减法的设计

怡兰：我一直有个问题想问静敏。一直以来我都很喜欢日本当代设计的作品，跟其他国家的设计师不同的是，日本的设计师多半从需求的原点出发，大多以材质的原色来呈现，我第一次看静敏的书时就发现，你的作品骨子里有很浓烈的日式风格，不是靠着鹅卵石堆砌庭园那样表面的技法。想请问静敏，你的设计有被茶道美学之类的日本文化所影响吗？

静敏：我通常会思考一个原点，设计扣着原点来做，不会为了想做而做，或是炫技而做，应该说我已经跳脱了那个阶段。如果不是为了原点来做设计，花下去的时间是一种生命的浪费。回归到本质，设计应该是一种减法，就像日本的美学，他们在器物上强调的是功能，不会有张扬的外观，但是非常好用，又兼具一种安静的美感。这是我们东方人特有的基因，所以也很容易从其中看到感动。

我在京都认识一位玻璃器皿艺术家，她坚持用同样的技法做了二十年，表面上看来几乎没有变动，但我看到她不同时期的作品，呈现出越来越朴实与成熟的样貌，不只是设计，我们的社会在"坚持"这个原点上其实很欠缺。

减法这件事回归到建筑的原点，就是"结构美学"，回归到以前古老的木制建筑，我们的也好，或是在日本保存得更多的老建筑，完全就是真诚地保留了原始样貌，本身的结构就很美。我们一般的建筑需要很多的包装，进去里面后觉得好炫，但只是漂亮而已，不会有感动。从使用后的第一年开始，到超过一百年的历史，你都会觉得好用，这房子才算是一间真正能承载人及事物的好房子。

怡兰：这我深有所感。我是喜欢旧东西的人，很多东西我买的时候，都是抱着它可以跟着我一辈子的心情。其实我也有想过，是不是把整个空间拆干净，就买一些可以陪着我下半辈子的家具来装修，但后来发现很难，一则现在的房子本身结构不美，很多地方得靠设计修补，反而是四十年以上的老公寓比较具备可以这么做的方正、简单格局。再者，在这么小的空间，我需求的功能又这么多，只靠家具势必没法满足。

到乡下盖一栋自己的房子，是我们下一步的梦想，我跟另一半前几天还在讨论说，如果哪天真能圆梦，希望还是能交给静敏来做，但可能得很努力很努力才能付得起啊（笑）。

图书在版编目（CIP）数据

家的模样：新版 / 叶怡兰著 . -- 贵阳 : 贵州科技
出版社 , 2020.4（2020.11 重印）
　　ISBN 978-7-5532-0846-6

　　Ⅰ . ①家… Ⅱ . ①叶… Ⅲ . ①住宅—室内装饰设计
Ⅳ . ① TU241

　　中国版本图书馆 CIP 数据核字 (2020) 第 017591 号

著作权合同登记 图字:01-2015-4715 号

家的模样：新版
JIA DE MUYANG: XINBAN

出　　版	贵州科技出版社	
地　　址	贵阳市中天会城会展东路 A 座（邮政编码：550081）	
网　　址	http://www.gzstph.com	
出 版 人	熊兴平	
选题策划	联合天际	
责任编辑	李　青	
特约编辑	好同学　邵嘉瑜	
美术编辑	王颖会　程　阁	
封面设计	刘彭新	
发　　行	未读（天津）文化传媒有限公司	
经　　销	全国各地新华书店	
印　　刷	雅迪云印（天津）科技有限公司	
版　　次	2020 年 4 月第 1 版	
印　　次	2020 年 11 月第 2 次	
字　　数	140 千字	
印　　张	13.75	
开　　本	710mm×1000mm　1/16	
书　　号	ISBN 978-7-5532-0846-6	
定　　价	58.00 元	

关注未读好书

未读 CLUB
会员服务平台